高职高专"十三五"规划教材

江苏省高校品牌专业"服装与服饰设计"系列教材

服饰配件创意设计

季凤芹　　潘维梅　　马德东　　编著

FUSHI
PEIJIAN
CHUANGYI SHEJI

U0300793

化学工业出版社

·北京·

内容简介

本书是高职高专纺织服装相关专业教材。本书按照服饰配件品类划分为鞋履设计、包袋设计、首饰设计、帽饰设计、围巾丝巾设计、领带设计6个项目，每个项目以主题形式开展，由知识链接、主题解读、项目实施、效果赏析四部分内容构成。本书侧重艺术设计创意思维过程的展现，项目实施部分采用了大量图片，能使读者更直观地理解造型、色彩、材质等诸多因素对作品最终状态的影响，从而激发学习兴趣和创新的动力。本书可供相关专业学生学习使用，也可供服饰配件设计人员参考。

图书在版编目（CIP）数据

服饰配件创意设计/季凤芹，潘维梅，马德东编著.
—北京：化学工业出版社，2019.11（2023.4重印）
ISBN 978-7-122-35773-1

Ⅰ.①服⋯　Ⅱ.①季⋯ ②潘⋯ ③马⋯　Ⅲ.①服饰-配件-设计-高等职业教育-教材　Ⅳ.①TS941.3

中国版本图书馆CIP数据核字（2019）第258322号

责任编辑：王　可　蔡洪伟　王　芳　　　　　　　装帧设计：王晓宇
责任校对：张雨彤

出版发行：化学工业出版社（北京市东城区青年湖南街13号　邮政编码100011）
印　　装：中煤（北京）印务有限公司
787mm×1092mm　1/16　印张14¾　字数337千字　2023年4月北京第1版第2次印刷

购书咨询：010-64518888　　　售后服务：010-64518899
网　　址：http://www.cip.com.cn

定　　价：58.00元

前言
PREFACE

  服饰配件是时尚产业中不可或缺的内容，是与服装相辅相成装扮人类形象的重要组成部分。服饰配件种类繁多，涉及的材料、质地与工艺各不相同，每一种服饰配件类别的历史发展、创意设计和品牌运作都可以作为一门独立的课程甚至学科来研究和学习。

  本书主要围绕六大类服饰配件，以项目形式进行介绍，每个项目分解为若干任务，使学习者在完成任务的过程中理解相关设计规律和原理。内容编写方面着重强调艺术设计思维过程的表达，通过一个个案例展示使读者更加直观地理解原创设计思路、步骤、过程和结果，充分启发个体创新思维。

  本书由季凤芹、潘维梅、马德东编著，卞颖星、赵恺、王兴伟、陈丽霞参与编写，具体编写分工为：季凤芹负责编写项目二、三、六，潘维梅负责编写项目一、四、五，马德东负责图片的绘制和搜集整理，卞颖星、赵恺、王兴伟、陈丽霞负责收集资料、提供项目内容的建议以及案例作品制作。全书由季凤芹负责统稿。

  由于水平有限，书中难免不足之处，敬请读者批评指正。

编著者
2019 年 11 月

目录

CONTENTS

原创鞋履设计

一 知识链接

很久很久以前，人们都是赤着双脚走路。当一位国王外出巡视偏远地区时，道路崎岖不平，碎石把他的脚刺得又痛又麻。回到王宫后，他下了一道命令：将国内所有的道路都铺上一层牛皮。工程所花费的金钱、动用的人力不计其数。再说，即使是杀尽国内所有的牛，也筹集不到足够的皮革啊！尽管这项工程根本完不成，甚至相当愚蠢，但因为是国王的命令，老百姓也只能暗自叹息。

一天，一位聪明大胆的仆人向国王建议："国王啊！为什么您要劳师动众，牺牲那么多牛？差遣那么多人？花费那么多金钱呢？您可以割两小片牛皮包住自己的脚呀，而且所有的人都可以这样做。"

国王听后先是很惊讶，仔细一想，便采用了仆人的建议，并收回了以往的命令。

从此，世界上便有了"皮鞋"这种东西。

（一）鞋履的历史与演变

1. 我国鞋履的发展

俗话说"没有鞋，穷半截"，可见鞋在一个人的穿着打扮中是非常重要的。鞋子伴随着人类几千年的文明历程一路走来，与人们的生活息息相关，与人类前进的步伐紧紧相随。和世界上其他古老的文明一样，在中华文明的历史进程中，鞋子的出现和使用由来已久。大约在5000多年前的仰韶文化时期，就出现了兽皮缝制的最原始的鞋。最早人们为了克服特殊情况，不让脚难受或者受伤，就发明了毛皮鞋子。现在，各种样式功能的鞋子随处可见。在中国古代，鞋有许多名称，如履（lǚ）、靴、屣（xǐ）、舄（xì）、屦（jù）、屩（jué）等。

（1）上古时期

上古时期，鞋履制度没有形成，足上之物是随着织物原料的出现、衣裳问世而相继形成的。《世本》中记载："于则（皇帝臣）作扉履。草曰扉，麻曰履"。《释名》中记载"齐人谓韦履曰扉。扉，皮也，以皮作之"。说明古代鞋初起的原料是草、麻和皮等，式样颇为简陋。据推测，古人将兽皮切割成大致的足型后，用细皮条将其连缀起来即成为最原始的鞋，以后逐渐出现了草类纤维、树皮等编结出来的鞋（图1-1、图1-2）。

图1-1 上古草鞋

图1-2 上古草鞋

（2）商周时期

商周时期，鞋履制度已经相当完善，甚至有了专门为天子掌管鞋履的"屦人"，这个时期的鞋，式样、做工和装饰已十分考究，用材、施色、图案也根据服饰制度有了严格的制度，他们与衣裳和头冠配合起来，则形成了我国早期的服装体系。另外，从文献记载来看，最早的鞋履，不论以何种材料制成，都统称为"屦"。战国以后，"履"字替代了"屦"，成了鞋子的通称。大约到了隋唐之时，本来专指"生革之鞋"的"鞋"字，又代替了"履"字而成了各种鞋子的通称。

（3）秦汉时期

中国先秦之前的军士都是穿裙袍、坐战车打仗的。从赵武陵王开始就穿靴子了，穿了靴子以后就可以穿裤子，裤子和靴子搭配发展出骑马战术。在军事上，中国鞋文化起了相当大的作用。秦汉时期皮革资源多，当时用皮革制的长统履称"鞻"。男子穿生皮的"革鞋"和熟皮的"韦鞋"较为普遍。女子多穿丝和锦制作的丝履，在鞋面上绣花缘边的称为"锦履"。秦始皇陵兵马俑保存着至今最完整的秦代鞋履物质文化。制作兵马俑的秦代工匠先用自己的双脚在地台板上压出鞋的凹印，再把兵俑的双脚放进凹印中。至今挖掘出的兵俑地台扳上还留下了明显的工匠们穿麻草鞋的鞋印。

为了封建王国的延续和久远，汉代曾出现世界鞋史上罕见的玉片缀鞋。依汉制，封建帝王显贵死后安葬时要穿金缕玉履，并配以金缕玉衣，这样就可以守住魂魄而死后复生。汉代鞋履以原料质地取名，有皮履、丝履、麻履、草履等。汉履形体宽大，质地粗糙且硬挺。为了方便行走着履时必须系带。为了防止磨损肌肤，特制了较厚实的布帛或长袜，在袜桶末端用绦带束紧，使之行走时不至垂落。此时还有女子着圆头履，男子着方头履的习俗（图1-3～图1-5）。

图1-3　汉代鞋

图1-4　汉代女靴

图1-5　汉代棉鞋

（4）魏晋南北朝时期

魏晋南北朝是隋唐之前人口大流动时期，汉族与少数民族文化交融糅合，中原与江南民俗文化互为渗透。衣冠鞋履重新整合渐趋融合。鞋履的制作更加精良，样式也更加丰富，主要表现在鞋翘上，女鞋有如凤头履、立凤履、飞头履等，男鞋有聚云履、梁有分梢履、翁头履等。当时北方民族最常用的基本形制是革靴高履。高履是以兽皮为面料的男女通用的有筒革鞋，不作正式礼鞋使用，穿高履革靴不得入殿，否则为失礼。木屐发展到南北朝时，外形和功用已较为丰富，除了当做便鞋外，更作为泥地、雨雪天和行军用。丝履的造型也很多样，特别是履头吻突部分的装饰五彩十色，民间常用的丝履为五朵履、分梢履、芴头履等样式。此外南北朝时期的手编鞋（史称"织成履"）也很时尚，除了草编的简易鞋外，还有精致的丝锦编织履。

（5）隋唐时期

历经魏晋南北朝的社会变革、民族交融，隋唐五代的鞋履文化表现出多元化、多轨制、多源性的繁荣景象。这个时期，靴子有了进一步的发展，而且在整个政治礼仪上面有了很大的改变。秦代以前,所有的官员进入宫殿都要脱鞋,甚至于连袜子都要脱掉,但是到了唐代,政治的开明带来了鞋文化的发展,官员都可以穿着靴子进朝廷,甚至于妇女都可以把丈夫的靴子穿在脚上,骑着马到处跑。唐代妇女最典型的时尚鞋是继魏晋南北朝发展演变而出现的高头履,其特征是履头高翘;按履头形式可分云头履、重台履、雀头履等。时尚女子常用彩色皮革或多彩织锦制成尖头短靴,有的在靴上镶嵌珠宝。履以锦、麻、丝、绫等布帛织成,亦有用蒲草类编成的草履。唐代草履的编织技术已很精湛,纤如绫殷。草履深受唐代妇人的喜爱,有蒲草、芒草等一些耐磨、耐水的草编鞋,是劳动者必备的生活用具。而唐代的袜已经不仅限于布帛袜,更多的是柔软的罗质袜。唐代贵族男女此时开始流行着胡人的毡履、乌皮六合靴。

（6）宋朝

宋朝是一个理学占统治地位的封建王朝,热衷孔孟之道,推崇伦理纲常。衣、饰、冠、履都显得保守、拘谨。在当时的宫廷中皇帝贵族多穿丝鞋,甚至在朝会时常穿精绫丝鞋。在内务机构中设有专门制作、管理丝鞋的"丝鞋局"。遇到大型庆典时节,皇帝常常向百官赏赐丝鞋以示龙恩。宋代官员与富家子弟大都穿布鞋与革鞋,其鞋式大多为一种履头高而翘的云头履和凫舄,宋代平民百姓时尚穿着双齿木屐,因其价格低廉又耐磨防滑很受庶民青睐。贫苦劳动大众平时多穿蒲鞋、草鞋和帛鞋。宋代的礼学思想与唐朝五代沿袭而来的缠足习俗不谋而合,促使缠足之风愈演愈烈。把唐朝崇尚的"小头鞋履"推到了三寸为美的程度（图1-6）。

（7）明朝

明朝时期,官员们以云头履和靴为规矩,儒生则以着双梁鞋为体面。庶民和贵族间的鞋子款式无太大区别,多是在用料质地上区别身份。女鞋以尖形上翘的凤头鞋最为流行,鞋边上还有精美的刺绣。劳动妇女亦有穿平头、圆头鞋或蒲草编的鞋。此时,女鞋中还出现了鞋底达7厘米的高底鞋（图1-7）。明代的女鞋由于汉人缠足风气的恢复,"三寸金莲"的鞋俗又成了妇女鞋饰的主流（图1-8）。明代是我国两千多年封建社会的后期王朝,朱元璋竭力提倡汉、唐、宋时期的鞋履文化,促使该时期鞋履文化进入成熟阶段。明代用了三百年的时间集华夏传统鞋饰之精华,奠定了中华鞋饰文化的基石。时至今日,我国各种地方戏剧皆以明代鞋饰来代表戏剧舞台上的中华传统鞋履。

图1-6　三寸金莲

图1-7　明代高底鞋

图1-8　明代小脚鞋

（8）清朝时期

满清政权推翻了汉人执政的明朝,同时将满族的衣冠鞋履仪规溶入了汉族两千年来的冠履服制中。清朝将唐宋元明各朝代延续下来的皮靴革靴,改造成用织物制作靴筒（图1-9、

图 1-10）。满族妇女受女真人荒野采集为生的世俗影响，在削木为履的基础上，发明创造了适应采集活动的木高底鞋（图 1-11）。当汉族传统的千层底鞋与满族的木高底鞋相结合时，产生了前后削坡的布厚底鞋，这种满汉相融的鞋履深受两族妇女的青睐（图 1-12）。

图 1-9　清代女靴　　　图 1-10　清代男靴　　　图 1-11　清代木高底鞋　　　图 1-12　清代布厚底鞋

（9）近代

近代鞋饰根据服装款式的变化而形成了新的格局，造型简洁、精美，尤其是由手工操作慢慢过渡到机器加工，制作愈加精致。各种材料都被合理地应用于鞋靴的设计与制作中，各种高新技术使材料的质地、品质更加完美。

2. 西方鞋、靴的发展

鞋子在西方时代变更的历史长河中，经历了古希腊的神话，告别了中世纪的黑暗，走过了文艺复兴的辉煌，渲染了 17 世纪路易十四的华丽，傲视了 18 世纪奢靡的洛可可风，承载了 19 世纪的工业化，跨越了百花齐放的 20 世纪，终于来到了变化莫测的 21 世纪。所以鞋子的变化毫无疑问是翻天覆地的。

（1）古埃及时期

在西方社会中，有史料记载的最早的鞋履出现于古代埃及。之所以出现在世界四大文明古国之一的古埃及，这与古埃及文明的高度发达有着密不可分的关系。在这片肥沃的土地上，诞生了至今仍充满神秘魅力的古埃及建筑、雕刻和绘画艺术。而创造了这些伟大艺术的古代埃及人，在其衣着鞋饰上，也体现出了特有的艺术魅力。古埃及地处热带，古代埃及人为了脚部舒适一般穿凉鞋，这种鞋的鞋底大多由皮革、纸沙草制成（图 1-13），也有少数木制鞋底，在鞋底上绑上鞋带。即使如此简易的凉鞋，也只有神职人员可以穿着，一般平民只能够赤足。

（2）古希腊时期

古代希腊男子无论在家中还是在街上都打赤脚，或者穿凉鞋。最简易的凉鞋是用一根皮条从鞋底上穿过大脚趾与二脚趾之间，再连接另外一根皮条绕到脚后跟。后来，鞋子被比较复杂而舒适的式样所代替。用麻或毛毡做鞋底，用皮革做鞋带，绕在脚腕或脚背上，并配有多种装饰。伯利克里斯时代男女凉鞋有时用金做装饰。

图 1-13　古埃及芦苇草鞋

在打仗或艰苦的工作中，为了保护腿和脚可穿靴子。靴子是用皮革做的，或是在前面系带，或是用皮条捆在腿上。

（3）古罗马时期

从罗马的发展史看，罗马文化与希腊文化有着密切联系。从鞋子上也可以看到二者的一致性，罗马的鞋子和装饰比希腊的更加贵族化，更为奢侈、华丽。古代罗马人，喜欢在室内穿拖鞋，用皮革或草席制成，外出穿皮鞋，脚跟脚面部分用大块皮子做出合脚形状并用带子系结，脚趾露在外面（图1-14）。奴隶是不准穿鞋的，公民则可穿类似希腊式的皮凉鞋。贵族和官吏鞋用高级皮革制作，用金银装饰。鞋子的颜色一般是棕色，到共和国后期和帝国早期在色彩上比较讲究，议员穿黑色鞋，贵族可穿红色鞋。总之，鞋子的样式较之以前有所增多。

图1-14 古罗马鞋

（4）中世纪时期

中世纪指的是古代奴隶社会到近代资本主义社会之间的一段封建社会时代。5—15世纪，受基督教影响，在艺术表现上不注重客观世界的真实描写，而往往以夸张、变形等手法表现精神世界。11世纪以后，欧洲各国的鞋式变化很大，主要变化体现在鞋尖和鞋帮的造型上。如前部成尖形，略向上翘，鞋面上有一道开缝伸向前部，在鞋帮的造型与装饰上都呈现出与众不同的特点。12世纪以后，鞋前端基本呈尖形，变化不大，在鞋面上刺绣有菱形或花纹图案。14—15世纪鞋子的特点是以尖顶拱卷和垂直线为主，高耸、富丽而精致。无论男女都喜欢穿秀气的软皮革做的尖头鞋，男子的尖头鞋形制与以前相比更是颀长而尖俏。以其尖为美，以其长度为高贵。为使细长的鞋尖挺起，里面塞有填充物。由于过长的鞋尖有碍走路，所以有时在尖端安上金银锁链，另一头系在鞋帮上。有时为了保护柔软的鞋底，在户外活动时还要再套上特制的拖鞋或鞋套（图1-15）。直到15世纪末叶，尖头鞋才逐渐被淘汰。

图1-15 套鞋

（5）文艺复兴时期

由于文艺复兴时期人们对哥特式艺术形式的轻视，建筑和鞋式中的尖状造型皆被淘汰。过去那种又长又尖的鞋不复存在，鞋的造型有了根本变化，鞋头变成宽肥的方形，比后跟还要宽大（图1-16），皮鞋有浅腰的，也有高筒靴式的，有时在高筒的半腰做翻折，成为一种装饰手段。此时的鞋上有各种切口装饰，在切口里面衬上不同颜色的皮革，与切口服装相呼应。也有用天鹅绒、锦缎等面料制作的软鞋。女子常穿高平底鞋，同时出现了高跟鞋，女子结婚时穿高跟鞋。总之，鞋子的形制更讲究实用了，鞋上有绊带或系纽扣，有时用蔷薇花形的装饰结做系扣。

意大利男人既不喜欢15世纪中期长长的尖头鞋，也不喜欢15世纪末德国人流行的宽头鞋，他们最乐于穿的鞋子是长宽适中的样式。意大利贵族女子中一度流行高底鞋，这种鞋底是木质的，鞋面是皮革或漆皮的，一般做成无后踵部分的拖鞋状（图1-17）。因为穿在大裙子里，故鞋面上装饰并不多。鞋底的高度一般为20～25厘米，最高可达30厘米。据说当时的贵妇人穿上高高的鞋，如果没有侍女在旁搀扶是很难行走的（图1-18）。

（6）17世纪华丽鞋履时代

在17世纪，欧洲出现了巴洛克形式的艺术。其特点是装饰性强，色彩鲜艳，注重光

图1-16　方头鞋

图1-17　高底鞋

图1-18　16世纪穿软木厚底鞋的意大利女性

的效果，整体风格高贵豪华、很有生气。后来此种形式特点影响到文化艺术领域的各个方面，当然也包括当时鞋子的样式。这时候的鞋子材料上发生了很大的变化，厚底鞋不再盛行，出现了另外一种形式的高跟鞋，大多数是尖头，以刺绣面料为主，造型尖翘秀美（图1-19、图1-20）。男性也是高跟鞋的主要受众群。而开辟这种风潮的，是欧洲最有权威的君王路易十四，他本人身高不到155厘米，除了戴假发外，他让鞋匠制作高达5英寸（约12.7厘米）的高跟鞋，鞋跟处的皮革染成红色，象征着贵族成员的颜色，只有他和他的大臣可以穿。当时男子普遍穿荷兰式的长筒靴，有大的翻折，有时饰有花边，贵族的鞋上还带有踢马刺，不仅在骑马靴上有，在跳舞靴上也有，似乎是一种男性魅力象征。后期的靴子变短，不再用翻折形式，但是过去做翻折的鞋口部分做的比靴筒粗大宽肥，有时做成山形，并饰有耸立的花边，甚至做成双层山形，配上花边装饰，分外豪华。浅腰鞋比较宽松，方形鞋头，鞋面上有很长的舌头，并向外翻卷着。常用茶色和灰色皮革制作，鞋后跟特用红色皮革制作。鞋上装饰着金属扣、蝴蝶结或饰带圈等。除了农妇，女子的鞋很少露出。妇女的鞋样式一般和男子的相似，只是鞋头没那么方。浅腰高跟，造型比较尖翘秀美。17世纪初期流行大的鞋花，后来则实行蝴蝶结和高鞋舌。贵族妇女鞋跟比较高，并且漆成红色。普通妇女都穿比较重的黑色皮鞋，宽矮后跟，鞋带带结。鞋面上镂刻着花纹装饰。鞋口上还有饰带圈和花结等，玲珑华美。

图1-19　17世纪尖头刺绣鞋

图1-20　尖头刺绣鞋鞋头

（7）18世纪高跟鞋盛放年代

18世纪法国是欧洲的时尚中心，鞋履的流行样式基本上是以法国为中心。男子所穿鞋的样式与17世纪的鞋式相差并不十分明显，区别主要在于不同的装饰和颜色。靴子较上一个世纪有所变化，主要是靴筒增高，没有了下翻的样式。上层女子当时普遍穿高跟鞋，与巴洛克时期的女鞋比较，没有太多的变化，只是鞋跟更高更细了，鞋头变为尖形，鞋舌上方往往有搭扣。与追求豪壮跃动美的巴洛克样式相反，洛可可样式追求一种轻盈纤细的秀雅美。鞋子的样式多为浅帮高跟和半高跟。鞋尖秀丽，鞋面有精美刺绣，并装饰着宝石（图1-21 ~ 图1-24）。材质多为缎子、织锦、羔羊皮，外出还要套上一层皮质鞋套，这时候鞋子开始讲究与服饰的搭配，颜色、面料、刺绣细节的搭配，渐渐走上了美学之路（图1-25、图1-26）。男性鞋子流行光滑的黑色皮鞋搭配红色或粉色的鞋跟，总体特征也是色彩鲜艳、华丽。

图1-21 18世纪红跟鞋

图1-22 女士沙龙拖鞋

图1-23 18世纪迷你鞋

图1-24 18世纪短跟鞋

图1-25 18世纪男式穆勒鞋

图1-26 18世纪西洋套鞋和木屐

18世纪的"鞋控"，是路易十六的王后玛丽·安托瓦内特，她一生极尽奢华，据说她一天之内要换数次鞋子，而每一双鞋子都是工匠量身定制，每一双都精美绝伦，价值连城。她从小生活在王宫，不懂民间疾苦，整个国库都给她用来做漂亮衣服和鞋子。

（8）19世纪机能化的回归

19世纪，人们的穿鞋观也开始发生转变，过去那种以豪华多饰的宫廷风格为时尚的穿着追求，正悄悄地让位于追求实用、自由和机能化的装饰（图1-27、图1-28）。男女一般穿着平底浅口小方头的皮鞋，骑马时穿着半高筒皮靴（图1-29）。靴分三种：一是黑森式靴，靴筒呈心状，饰有缨穗。二是惠灵顿式（图1-30），靴筒比前一种高些，靴口用轻而薄的皮革制成，并向下折回。三是半腰皮鞋，男女通用，鞋头是皮革的，鞋筒是多层木棉或呢绒的，比较轻便柔软，英国首创，统称"牛津鞋"或"牛津靴"。轻骑兵靴和陆军卫兵长靴，高约38厘米。

图1-27 19世纪30年代男式带扣鞋

图1-28 19世纪30年代左右脚区分

图1-29　19世纪30年代切尔西男靴　　　　图1-30　19世纪20年代惠灵顿靴

40年代中期以后出现有松紧布的便鞋。由于此时的裙长多至脚踝部位，所以女子的鞋一般多暴露在外。鞋型多为尖头无跟或矮跟鞋。由于女子在浪漫主义时期流行骑马兜风，所以长筒马靴也是上流社会女子必备的行头。

60年代出现女士高腰靴子，用上了漆的光亮皮制作。同时还有各种各样用布料与皮革一起制作的鞋子，并出现了高跟鞋（图1-31、图1-32）。

图1-31　19世纪60年代草编鞋　　　　图1-32　19世纪60年代玫瑰花饰鞋

19世纪60年代后，随着裙摆有所缩短，鞋子时常会露在外面。鞋的设计越来越受到人们的重视。鞋后跟也随之显露出来了，鞋帮上边呈有趣的弧状（图1-33）。鞋面系带代替了鞋帮系带（图1-34），系扣鞋随之也广为流行。

19世纪末制鞋业发展很快，当时男鞋的流行主要以英国式的为主，有系带的高帮短靴和上部有扣的浅腰皮鞋，配合礼服的是薄底浅口的黑漆皮鞋。19世纪90年代运动鞋开始流行。女鞋更是式样繁多，种类号型都很齐全，女性可自由选购喜爱的鞋。

（9）20世纪百花齐放

20世纪，鞋履发展空前，各种材料都有运用，也出现了一种新兴的职业——服装设计师。这时候鞋子的意义再一次发生了重大改变，原本鞋匠一手操办的流程，如今被分化成设计和生产两部分，这时候也出现了电视媒体，鞋履市场蓬勃发展。不同的品味、不同的职业选择不同的鞋，这个时候，鞋子已经不再是身份的象征了（图1-35）。

图1-33　19世纪70年代Juttis轻便翘头鞋　　图1-34　19世纪鞋面系带鞋　　图1-35　20世纪初得体的鞋跟

20 世纪 20 年代人们休闲活动比较多，基本以体育运动为主，1917 年，匡威生产出第一双帆布鞋，代表了一种年轻的文化。第一次世界大战之后，军靴以它硬朗的外观和行走时发出的铿锵声音成为了象征男性狂放不羁、血性刚强的符号。牛仔靴这时候也逐渐兴起。

20 世纪 30 年代出现了高跟凉鞋，这个新设计并没有因为凉鞋的裸露而显得低俗，女性们身穿晚礼服搭配高跟鞋很快流行起来，一时间得到广大女性的追捧。

20 世纪 30 年代末期，厚底鞋、松糕鞋流行。因为战争的原因，市面上制鞋原料稀缺，制鞋商们找到了植物纤维、麻绳、爬行动物、渔网、水松等材料，都用来做鞋底，这些人中有一位佼佼者，他就是意大利资深制鞋大师萨尔瓦多·菲拉格慕，他将椰树叶子纤维编织后染色，再加上一种玻璃纸作为鞋面的制作原料，鞋底则用有一定厚度的软木塞和水松做成凹陷的鞋跟，再在鞋跟上画上颜色鲜艳的图案或贴上亮闪闪的镀金玻璃作为装饰，这便是 20 世纪早期的松糕鞋（图 1-36 ～图 1-40）。

图 1-36　1930 年菲拉格慕的创新　　图 1-37　1941 年二战时期实用鞋款　　图 1-38　1938 年软木凉鞋

20 世纪 50 年代，细高跟鞋诞生。细高跟鞋拥有像匕首一样又高又细、宛如长钉子形状的跟，这便是设计师罗杰·维威耶的伟大设计（图 1-41）。

图 1-39　1947 年马丁靴　　图 1-40　1949 年 Brothel Creepers　　图 1-41　1955 Stiletto 细高跟鞋
小山羊皮软底男鞋

20 世纪 60 年代，披头士短靴大行其道。60 年代超级时尚偶像——披头士乐队的叛逆造型得到了年轻人的共鸣，人们开始模仿偶像穿衣服，模仿偶像的发型，以至于偶像穿的短靴也成了经典款，披头士短靴就是这样产生的。

（二）鞋履的类别

鞋履的分类方式有很多种：

按穿用对象分，有男鞋、女鞋、童鞋等。

按季节分，有单鞋、夹鞋、棉鞋、凉鞋等。

按材料分，有皮鞋、布鞋、胶鞋、塑料鞋。

按工艺分，有缝绱、注塑、注胶、模压、硫化、冷粘、粘缝、搪塑、组装等鞋。

按款式分，头型有方头、方圆头、圆头、尖圆头、尖头；跟型有平跟、半高跟、高跟、坡跟；鞋帮有高勒、低勒、中统、高统。

按用途分，有日常生活鞋、劳动保护鞋、运动鞋、旅游鞋、负跟鞋、增高鞋等。

（三）鞋履的材质

鞋履构成的主要材料分为面、底、里三大块。

1. 面料

所有制作鞋面的材料统称为革，革分为天然皮革及人造革两大类。

（1）天然皮革的分类

牛皮：分为黄牛皮、水牛皮等，一般黄牛皮的强度优于水牛皮。根据牛的年龄牛皮又可分为胎牛皮、小牛皮、中牛皮、大牛皮，一般牛的年龄越小，皮的价格越贵，档次越高，但并不代表价格越高皮强度越好。牛皮一般又可分为头层和二层，头层一般用于制作皮鞋鞋面，二层一般用于制作运动鞋、皮鞋的垫脚。头层牛皮的价格远远高于二层牛皮的价格。

羊皮：分为绵羊皮、山羊皮两大类。一般山羊皮牢度优于绵羊皮，而柔软度及穿着舒适性绵羊皮优于山羊皮。羊皮一般不按羊的年龄区分。

猪皮：一般在鞋面当中用的较少，在童鞋中相对较多。猪皮价格较低，一般在大人鞋当中用于制作里皮。猪皮一般有头层和二层之分，头层强度较好，二层强度较差，但头层的价格比二层贵大约五倍。

其他动物皮：例如鳄鱼皮、袋鼠皮、鹿皮、蜥蜴皮、蛇皮、珍珠鱼皮、鸵鸟身皮、鸵鸟脚皮、青蛙皮，以上动物皮由于皮源稀少，所以制作的鞋往往价格较高，但不代表这些皮料在穿着的牢度方面很好。

（2）人造革的分类

一般由人工合成用于制作鞋面的面料，统称为人造革。通俗的认为天然皮革之外的鞋面面料都为人造革面料。一般来讲人造革的价格，穿着的舒适性、透气性差于天然皮革。但也有极少数人造革由于制作工艺复杂，价格高于天然皮革。

2. 鞋底

（1）橡胶底：天然橡胶一般耐磨、耐寒、耐折，性能较好，但用于制作鞋底的橡胶往往要加入其他低成本的材料，若加入过量也会大大降低耐折、耐磨性能。橡胶底往往份量较重。

（2）改性PVC（俗称塑料底）：耐寒性较差，温度越低鞋底越硬，反之，温度越高鞋底越软。耐折、耐磨性也要根据配方而定，PVC底分量较重。

（3）TPR底：分量较PVC底及橡胶底轻，表面无光泽，耐寒性较好，耐折、耐磨性也根据配方而定。

（4）聚氨酯底（PU底）：分量较轻，一般耐折、耐磨、耐寒性较好。

（5）真皮底：真皮大底往往前掌需加胶片，透气、吸汗性较好，成本较高，耐寒、耐折性较好，耐磨性一般。真皮大底一般由牛皮来制作。

（6）EVA底（俗称发泡底）：分量较轻，但耐压性较差，受压后往往容易变形不易回弹。

耐寒性较好，耐磨、耐折性一般。

（7）复合底：由几种材料组合起来的底简称复合底，鞋底可分割成后跟及后跟掌面、底片及沿条以及前掌掌面等几部分，根据不同部位的功能要求不同，可结合以上材料的优点加以组合。一般复合底的成本高于以上前四类大底。

3. 内里

用于制作鞋里的部分称为内里。内里一般可分为两大类，真皮及人造革内里。

（1）真皮内里

猪皮：可分为头层和二层，按表面处理不同又可分为水染猪皮、涂层猪皮，水染猪皮透气、吸汗性较好，但容易褪色，这是共性。涂层（喷漆）猪皮一般不会褪色，但透气、吸汗性很差。二层猪皮的强度远远低于头层。

羊皮：一般用于制作高档鞋的内里，不易褪色，透气、吸汗性较好，价格一般为头层猪皮的三到四倍。

牛皮：一般用于制作高档鞋的内里，透气、吸汗性较好，价格较高。

（2）人造革内里

包括 PU、PVC 革以及其他复合类的革料。人造革内里一般成本较低，但也有部分价格高于猪皮。没有经过特殊工艺处理的 PU、PVC 革透气、吸汗性很差，但也有部分 PU 革经过特殊工艺处理后透气、吸汗性得到改善，这种革俗称透气革。但人造革一般不会褪色。

（四）鞋履品牌

印度哲人奥修在其所著的《当鞋子合脚时》中写道："当鞋子合适的时候，脚被忘却了。"这句话虽然简单却一语道出了"鞋子哲学"的精髓——唯有鞋子与脚达成舒适的默契时，脚才得到了真正的自由，这正是鞋子的黄金价值，也是鞋子的美学顶点。

1. Salvatore Ferragamo

Ferragamo 是意大利最显赫的一个制鞋家族，被誉为意大利的经典皮鞋世家，由意大利人 Salvatore Ferragamo 于 1927 年开创。在美国开始其制鞋事业的 Ferragamo，后来回国创立和不断发展这个鞋业帝国。Ferragamo 男鞋具有认真、平实、舒适、优雅的风格。以前鞋子大都是偏于商务场合设计，现在加入了休闲风格。其特别之处在于不论是皮底、胶底或者皮胶混合底均有很好的舒适性。Ferragamo 的鞋子以工质皆优出名，大多是那些永恒的款式，历久不衰（图 1-42 ~ 图 1-47）。

图 1-42　Ferragamo 坡跟鞋

图 1-43　Ferragamo 彩虹凉鞋

图1-44　Ferragamo 2018 春夏女鞋

图1-45　Ferragamo 2018 春夏女鞋

图1-46　Ferragamo 2018 春夏男鞋

图1-47　Ferragamo 2018 春夏男鞋

2. Cheaney

创立于 1886 年的 Cheaney，自建立之初起，就始终坚持每一道工序，包括裁断下料、缝纫和最后的抛光，都纯手工操作。而且 Cheaney 至今仍坚持在最初的由创始人 Joseph Cheaney 在英格兰北安普顿设立的工厂里制作手工皮鞋。工厂里很多技艺精湛的制鞋匠们都是子承父业，世代在 Cheaney 的工厂里劳作，将紧跟时代的款式和传统的手工工艺完美结合。每一位手工制鞋匠在一针一线里所倾注的不仅仅是精湛的技艺，更是融入了对经典的传承。Cheaney 的每一双皮鞋，鞋底都是采用手工染色的橡树皮鞣制外底，不仅透气而且养脚，对脚部有非常好的支撑性。一双 Cheaney 的手工皮鞋需要经过 200 多道加工工序，制作完成至少需要花费 6 个星期的时间（图 1-48 ～图 1-55）。

图1-48　Cheaney 2018 春夏男鞋

图1-49　Cheaney 2018 春夏男鞋

图1-50　Cheaney 2018 春夏男鞋

图1-51　Cheaney 2018 春夏男鞋

图1-52　Cheaney 2018 春夏女鞋

图1-53　Cheaney 2018 春夏女鞋

3. EDWARD GREEN

EDWARD GREEN 品牌创立于 1890 年。品牌初始创立于英格兰的北安普顿，专门制作手工男装皮鞋。至今，EDWARD GREEN 也以堪称最佳的固特异手工皮鞋而名扬天下。每

图1-54　Cheaney 2018 春夏女鞋

图1-55　Cheaney 2018 春夏女鞋

一双 EDWARD GREEN 的皮鞋都由专业鞋匠制作，而且品牌每年仅限量制作 1 万双皮鞋。在 EDWARD GREEN 定制一双皮鞋，从头到尾都是由一个制鞋师傅做下来的，通常需要用时 3 至 4 个月。由此可见，EDWARD GREEN 为保证该品牌皮鞋的质量以及其专属的优越性，别具一格的个性（图 1-56 ~ 图 1-61 ）。

图1-56　EDWARD GREEN 男鞋

图1-57　EDWARD GREEN 男鞋

图1-58　EDWARD GREEN 男鞋

图1-59　EDWARD GREEN 男鞋

图1-60　EDWARD GREEN 女鞋

图1-61　EDWARD GREEN 女鞋

4. Base London

　　1996 年开始在英国崭露头角的 Base London，正好配合了"新英国文化"的兴起，而旧有的"街头文化"也徐徐没落。Base London 乘势而起，在英伦及欧洲时尚圈子打响名堂，更赢得了"最佳时尚男装皮鞋品牌"的荣誉。设计出自英国设计师手笔及生产于意大利的 Base London 皮鞋，分为轻便（Casual）和现代（Contemporary）系列，而其独有的创意和华美的手工是取胜的特质。再配合一系列前卫有趣的宣传广告，使 Base London 受到年青一代的青睐（图 1-62 ~ 图 1-65 ）。

5. CROCKETT & JONES

　　CROCKETT & JONES 是由 Charles Jones 和他的姐夫 James Crockett 爵士在托马斯怀特基金的资助下，于 1879 年创办于英格兰北安普敦的一个高端男鞋品牌，以专注于生产固特异贴边（Goodyear-Welt）皮鞋而闻名。CROCKETT & JONES 品牌以家族世代相传，现在已经传至第四代 Charles Jones。品牌主要生产 3 大系列男鞋和少数几款女鞋。其中

图1-62　Base London
男鞋　　　　　图1-63　Base London
男鞋　　　　　图1-64　Base London
男鞋　　　　　图1-65　Base London
男鞋

Hand Grade 系列展现了 CROCKETT & JONES 最高质量的英式成品鞋。Main 系列则包括了高级小牛皮城市鞋、越野鞋、靴子、室内鞋和驾驶鞋（也就是我们所熟知的豆豆鞋）在内的多种鞋型。Shell Cordovan 系列是完全独一无二的，所有皮子均采用的是一种慢速、传统的植物上色糅皮工艺（图 1-66 ~ 图 1-68）。

图1-66　CROCKETT & JONES 男鞋

图1-67　CROCKETT & JONES 男鞋　　　　　图1-68 CROCKETT & JONES 男鞋

6. A.Testoni

　　1929 年，阿米迪奥·铁狮东尼在波罗地海创立了铁狮东尼（A. Testoni）。19 世纪至 20 世纪，波罗尼亚以其精湛的制鞋业闻名于世，在那儿聚集着一大批手艺人，这些人继承了古老的传统工艺。有悠久历史的 A. Testoni，一直以顶级的原料及精湛的手工取胜，而且他们亦能给穿着者提供健康和舒适，所以特别受体坛人士的欢迎。此品牌的鞋子的另一特色是防水，鞋面能防水，但鞋楦却不会凝聚水分，能使皮肤自然透气（图 1-69 ~ 图 1-76）。

图1-69　A. Testoni 男鞋　　　　　图1-70　A. Testoni 男鞋

图 1-71　A. Testoni 男鞋

图 1-72　A. Testoni 男鞋

图 1-73　A. Testoni 女鞋

图 1-74　A. Testoni 女鞋

图 1-75　A. Testoni 女鞋

图 1-76　A. Testoni 女鞋

7. John Lobb

John Lobb 品牌创立时间为 1849 年，1901 年，Lobb 的儿子来到巴黎开设分店，1976 年，Hermes 集团将 John Lobb 的巴黎分店纳入旗下。有了 Hermes 的财力撑腰，John Lobb 这个高档皮鞋品牌也迅速在全世界范围内开拓了市场。John Lobb 的店址选在圣詹姆斯街 9 号（9 St. James's Street），而圣詹姆斯街又是爱德华亲王经常光顾的场所。之后这些上层阶级的人士也无不以拥有一双 John Lobb 的鞋子而自豪。从那时起，John Lobb 的鞋子就成为了品质、身份和气质的代名词。很多有钱人要定制顶级男鞋，依然还是倾向于选择去伦敦总店，那里有全世界最好的制鞋师傅，用一支笔和两张白纸量鞋，把两只脚的脚型、脚背高度以及两脚长度的细微差别考虑在内，制作出脚模（Last）（图 1-77 ~ 图 1-84）。

图 1-77　John Lobb 男鞋

图 1-78　John Lobb 男鞋

图 1-79　John Lobb 男鞋

图 1-80 John Lobb 男鞋

图 1-81　John Lobb 女鞋

图 1-82　John Lobb 女鞋

8. Berluti

Berluti 的宣传口号是 "When Shoes Have a Soul"。Berluti 1895 年诞生于法国，该品牌只有一位设计师，不超过 20 位的手工制鞋技师，每定制一双鞋要手工花费 250 个小时才能完成——出产量极少，所以价格昂贵，这也保证了每一双都是艺术品。Berluti 制鞋过

图1-83 John Lobb 女鞋　　　　图1-84 John Lobb 女鞋

程中一直沿袭一项老传统：在每双鞋足底弓部的重要部位，采用小块锤打而成的皮革，这种独特的处理方法正是 Berluti 皮鞋的灵魂所在。它一直非常强调鞋型与脚的般配，创始人 Alessandro Berluti 擅长于度身定制皮鞋。所用皮革和缝线均为世界顶级工艺技术成就，牛皮为主，马皮、鳄鱼皮等为辅。遗憾的是店内目前每年仅提供不定期定制 1 ~ 2 次，从法国来的量脚师将根据自身时间和世界各地分店的状况前来与定制者会面。顾客需要提前预约，用半年左右时间来等到量脚师，再等半年才能拿到定制的鞋子（图1-85 ~ 图1-92）。

图1-85 Berluti 男鞋　　　　图1-86 Berluti 男鞋　　　　图1-87 Berluti 男鞋

图1-88 Berluti 男鞋　　　　图1-89 Berluti 男鞋　　　　图1-90 Berluti 男鞋

9. Silvano Lattanzi

作为来自国际制鞋之都意大利的名牌，Silvano Lattanzi 诞生是近 30 年的事件。该品牌整年只出品 6000 双鞋。酷爱高尔夫活动和游艇活动的超级富豪、政要及皇室等都是该品牌的忠实消费者。每一双都由有多年经验的意大利老鞋匠手工精心打造，工艺和技术遵循意大利传统定制程序，一针一线都颇苛刻考究。Silvano Lattanzi 鞋分现货和定制两种，80% 为定制鞋，20% 为现货，皮质以牛皮为主，另有马皮、鸵鸟皮、鳄鱼皮、蜥蜴皮等（图1-93 ~ 图1-96）。

图1-91 Berluti 男鞋　　　　图1-92 Berluti 男鞋　　　图1-93 Silvano Lattanzi 男鞋

图1-94　Silvano Lattanzi 男鞋

图1-95　Silvano Lattanzi 男鞋

图1-96　Silvano Lattanzi 男鞋

10. Dr.Martens

图1-97　Dr.Martens 男鞋

Dr.Martens 是经典男鞋品牌。第一对 Dr.Martens 鞋生产于 1960 年 4 月 1 日，其编号 #1460 便由此而来。Airwair loop 是 Dr.Martens 鞋的特色，鞋边的黄色线是历代 Dr.Martens 的标志。其经典鞋款有英国警察及邮差都订制的 Steep Cap，而教皇保罗二世也是穿着 Dr.Martens 为他定做的白色 1460 Ankle Boots。Dr.Martens 还推出了"黑底系列"男装皮鞋，是该品牌唯一黑底皮鞋系列，而且设有专有气囊，加上全内垫设计，令舒适度大大提高，使用英国优质皮革制造，是各位男士的耐穿上班鞋（图 1-97 ~ 图 1-100）。

图1-98　Dr.Martens 男鞋

图1-99　Dr.Martens 男鞋

图1-100　Dr.Martens 男鞋

11. DR.COMFORT（舒适博士）

　　DR.COMFORT 舒适博士是美国顶尖足科医生和鞋类设计大师的结晶，DR.COMFORT 的创始人 Rick Kanter 家族在美国世代从事手工制鞋，多年为美国军方提供鞋靴设计制造。最早服务于足病患者，是当之无愧的糖尿病专用鞋世界第一品牌。由于其在舒适和时尚的完美体现，后来扩展到对鞋苛刻要求的高端人群。每款 DR.COMFORT 舒适博士鞋皆选用顶级天然材料经过 300 多道手工制作而成，每款鞋都要经过美国政府药监局 60 多道苛刻的检验方可上市。精挑细选 DR.COMFORT 舒适博士鞋在欧美贵族中被称为"上帝的礼物"，是达官新贵互赠礼物的首选尚品。DR.COMFORT 的体验中心专卖店遍及全球 50 多个国家和地区的高尚社区，真正做到让鞋适应脚，直至鞋成为脚的一部分。

　　DR.COMFORT 舒适博士是公认的功能鞋的劳斯莱斯，一直受到世界各国皇家贵族、军政要人和明星富豪的追捧。全球最富有的统治者之一沙特阿拉伯国王阿卜杜拉家族一直是 DR.COMFORT 舒适博士的拥趸，每年的 12 月，DR.COMFORT 的总设计师和裁缝工匠都会有一个重要任务：前往沙特阿拉伯王室见觐国王，汇报第二年全年的设计概念，同时倾听国王和其他王室成员的意见，对设计进行修改。"贵比黄金的舒适"这句发自沙特阿拉伯国王之口的话，最好地诠释了 Dr.Comfort 舒适博士奢华高贵的根源（图 1-101～图 1-104）。

图 1-101　DR.COMFORT 男鞋

图 1-102　DR.COMFORT 男鞋

图 1-103　DR.COMFORT 男鞋

（五）鞋履流行趋势

时尚圈总是这样任性，变来变去，潮流总在下一个轮回，一年从春季到冬季，每个时间段都会诞生出不同流行的鞋款，比如每个人都在穿的绑带平底鞋和奶奶鞋、让人印象深刻的小白靴和露跟女鞋、火遍大江南北的 Dad Sneaker。以下是未来鞋履可能的流行趋势。

图 1-104　DR.COMFORT 男鞋

1. 牛仔靴

即使牛仔靴主要在春秋冬季节穿，但夏季的一些音乐会和节日活动也可以搭配波西米亚风的夏装（图 1-105、图 1-106）。

图 1-105　牛仔靴

图 1-106　牛仔靴

2. Dad sneakers

被捧在手上的小白鞋现在好像风光不再了，Dad sneakers（老爹鞋）代替了它的位置。Dad sneakers 俗称 Ugly sneaker，整体看上去很粗犷大只，一般鞋底较厚，线条方正，细节较多，很多人都对它爱不释脚。这股风潮从 Balenciaga 2017 秋冬男装系列的 Triple S 开始蔓延，它的受追捧的程度简直超出想象，你总能在街头捕捉到它的身影（图 1-107～图 1-110）。

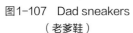

图1-107　Dad sneakers（老爹鞋）　　图1-108　Dad sneakers（老爹鞋）　　图1-109　Balenciaga 2017 秋冬　　图1-110　Balenciaga 2017 秋冬

3. 办公室鞋款 Office wear

设计师们重新设计了经典的职场女鞋，白色和黑色的细高跟鞋在伸展台上展示了一种商业风格（图 1-111 ~ 图 1-114 ）。

图 1-111　Alexander Wang 办公室鞋款　　　　图 1-112　Alexander Wang 办公室鞋款

图 1-113　Alexander Wang 办公室鞋款　　　　图 1-114　Alexander Wang 办公室鞋款

4. 明亮蜡笔色尖头女鞋 Pointed toes

从 20 世纪 60 年代的影响到闪烁和学校风，三种不同的尖头鞋给经典的外观带来了一种不做作的扭曲。显色度高的蜡笔色系被用在了漂亮的女鞋上，让一双双尖头优雅的女鞋变得足够时髦和吸引人（图 1-115 ~ 图 1-118 ）。

5. 透明鞋

透明材质的鞋子是从 Chanel 春夏时装秀上火起来的，一双双能看到脚部的透明鞋好像更适合腿型和脚型都很纤瘦美丽的人，腿粗脚肥的人切记莫尝试（图 1-119 ~ 图 1-122 ）。

图 1-115 尖头鞋　　图 1-116 Miu Miu 尖头鞋　　图 1-117 Miu Miu 尖头鞋　　图 1-118 Miu Miu 尖头鞋

图 1-119 Chanel 透明鞋　　图 1-120 Chanel 透明鞋

图 1-121 Chanel 透明鞋　　图 1-122 Chanel 透明鞋

6. 前卫鞋跟 Eccentric heels

设计师们早就开始在鞋跟上做文章，粗跟、方跟和浮雕跟还不够，又设计出了弯跟。无论是往里弯还是往外弯，弯跟鞋都会是很时髦的鞋款。别出心裁的、不寻常的形状让人对经典的高跟鞋产生了一种强烈的玩味感（图 1-123 ～图 1-126）。

图 1-123　Dolce & Gabbana 前卫鞋跟　　图 1-124　Dolce & Gabbana 前卫鞋跟　　图 1-125　Dolce & Gabbana 前卫鞋跟　　图 1-126 Dolce & Gabbana 前卫鞋跟

7. 工装鞋 Workwear

橡胶靴与具有工业风格的一些单品搭配，从头到脚的彰显精致的工业制造风（图 1-127 ～图 1-129）。

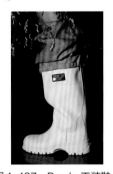  

图 1-127　Prada 工装鞋　　图 1-128 Calvin Klein 工装鞋　　图 1-129　Prada 工装鞋

8. 舞会鞋 Party shoes

现在鞋子上要带点什么独特的装饰才吸引人，比如轻盈丰满的羽毛，任何普通鞋款加上它都有种雍容华贵的感觉。镜面球形定制凉鞋总是那么完美，它们能照亮整个舞池（图 1-130 ～图 1-133）。

图 1-130　羽毛装饰舞会鞋　　图 1-131　羽毛装饰舞会鞋

图 1-132　Alexander McQueen 舞会鞋　　图 1-133　Alexander Wang 舞会鞋

9. 70 年代风格靴子 Seventies boots

米色和驼色的过膝长靴将会抢尽风头（图 1-134 ~ 图 1-139）。

图 1-134　Vanessa Seward 靴子　　图 1-135　Vanessa Seward 靴子　　图 1-136　Etro 靴子

图 1-137　Etro 靴子　　　　　图 1-138　Etro 靴子　　　　　图 1-139　Etro 靴子

二 项目主题：奇幻大自然

主题解读：大自然千变万化，好似一道永远也解不开的谜题，深奥无比，有时好似一位艺术家，把世间万物打扮的婀娜多姿，有时又好似脾气古怪的诗人，一会儿温柔，一会儿阴沉，一会儿暴躁。大自然的鬼斧神工，造就神奇隽美的景色，让人叹为观止。它的神奇、美妙和千变万化无时无刻不在给我们惊喜：奇幻的景观、绚丽的景色无不冲击着我们的眼球，春夏秋冬枝繁叶茂，风花雪月蓝天白云，山川河流电闪雷鸣，月光轻吻平静的湖面，微风低拂茂密的深林，鸟翔蓝天、鱼潜水底的物竞天择……

三 项目案例实施

任务1　主题解析

大自然以最独特的手法，装点了我们周围，让我们无时无刻不在感受心灵的美丽。当清晨的第一缕金光撒向大地，走在阳光灿烂的小路上，不经意地一瞥，一朵花瓣在枝头滑落，伴随着几片落叶，飘飘扬扬地落在地上，微风轻轻吹拂，将它们带到了那遥远的天边。当我们驻足芳林，耳边总响起婉转而动听的声声鸟语、阵阵歌声。大自然的奇特与美，不仅在于它的与世无争、平静和深沉的力量以及沉默的美，更在于它的神秘、雄壮和变幻莫测。俄罗斯的光柱、科罗拉多的极光、土库曼斯坦的地狱之门、日本的海底麦田圈、日出日落的绿色闪光……这些奇观，无不呈现淋漓尽致的壮美景致，是大自然赋予人类去探索的神秘宝藏（图 1-140）。

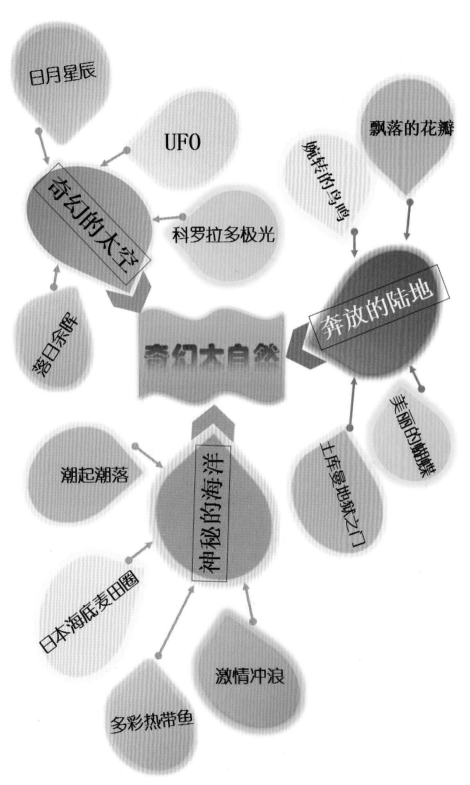

图 1-140 "奇幻大自然"思维导图

任务2 灵感解析

　　黄昏里的夕阳，在那一瞬间，天地万物改变了模样，梧桐伞一样的红，小鸟歌唱，五彩霞光，是梦一样的衣裳，日月星辰，在霞辉斑斓里放歌。时光留不住，春去已无踪，潮来又潮往，聚散苦匆匆，几度青山在，几念夕阳红。黄昏的暮色唯美柔软，夕阳从指缝中穿堂而过，黄昏的夕阳，洒落一地的挽留，笼罩旧日的时光。夕阳无限好，最美是黄昏时。夕阳是世界上最伟大的化妆师。天边那一抹彩云在夕阳的精心装扮下，悠悠地绚烂成美丽的晚霞，夹进了长空湛蓝色的诗页里，化为永恒的记忆（图1-141）。

图1-141 "奇幻大自然"灵感解析

任务3　风格定位和客群分析

在这个网络时代，出街青年对独树一帜的渴望推动了张扬潮流的发展，厌倦千篇一律，紧跟时尚潮流的出街青年们借由极具创新的服装来定义与众不同的自己。足够夺人眼球的色彩、轮廓和造型是青年追求新颖理念、推崇个性着装的最好体现。本系列属于年轻的休闲运动风格，定位在22—28岁，有稳定的收入和工作，对新鲜事物有一定的感知能力，能在众多品牌中找到适合自己的风格的人群。由于工作关系，他们喜欢舒适却又不失个性和时尚感的服饰，简单中有着简约的美，他们追求创新、求变、群体独特，让自己成为都市中一道靓丽的风景线（图1-142）！

图1-142　"奇幻大自然"风格定位

任务4　配色解析

　　鲜亮的饱和色组成大胆的撞色组合，令鞋品和配饰极具视觉张力，俏皮而独特。柔和的炙烤桃红色和深姜色流淌着浓浓暖意，具有跨季属性；作为春夏必不可少的亮色，唇彩红色颇为醒目，常绿树色与纯白拼接凸显运动鞋魅力。金凤花黄色令初夏系列显得柔和；充满活力的色彩赋予皮革、塑料以强度；绿松石色、危险橙色和鲜艳绿黄色等强烈色泽，令运动鞋单品焕发活力，并展现运动装魅力；常绿树色在本季扮演重要角色，其强烈的色调赋予鞋品和配饰以视觉张力，很适合运动鞋款式，搭配纯白点缀色效果极佳；深海军蓝仍是关键色彩，用于同色调款式或作为点缀；水洗靛蓝色调格外质朴，翻新休闲款式；而墨蓝色调则流露出成熟韵味，是经典黑色的完美替代（图1-143）。

图1-143　"奇幻大自然"配色解析

任务5 造型与材质解析

1. 鞋面

运动鞋的鞋面大多采用织物面料或 PU、真皮等与织物复合材料，其目的在于满足鞋子对于脚部保护功能的同时增强鞋子的透气性能。鞋面材料的选用朝着更加舒适、美观和轻便的方向前进。

2. 中底

运动鞋的中底大多采用 EVA 或者 MD，也有一些品牌采用 TPU 材料，中底主要功能是在人们运动过程中提供减震、回弹、助力等效果，同时为了减轻人们在运动时候的负荷，中底材料选择具有高回弹、高减震、轻盈的材料。

3. 大底

运动鞋的大底仍主要采用耐磨橡胶，取其耐磨、防滑的性能。同时，EVA 和 TPU 也出现在一些品牌休闲鞋的大底上。

4. 造型

鞋面与外底的拼贴设计经过重新剪切与组合，形成极富现代格调的外观。拼接工艺带来定制感。多种可回收材质加入到剪切粘贴潮流（图 1-144）。

图 1-144 做旧图案拼接

针织设计不断发展，从夕阳余晖与数字印花图像中汲取灵感，粗细针织配以醒目色彩，打造出活力夏日轮廓，设计感外底带来能够替代气垫的外观（图 1-145）。

图 1-145　针织工艺

　　剃刀状、柔软鞋钉及预设弹力形态皆有助于提高足部的能量返还。模制橡胶、柔性塑料和高密度 EVA 提供支持（图 1-146）。

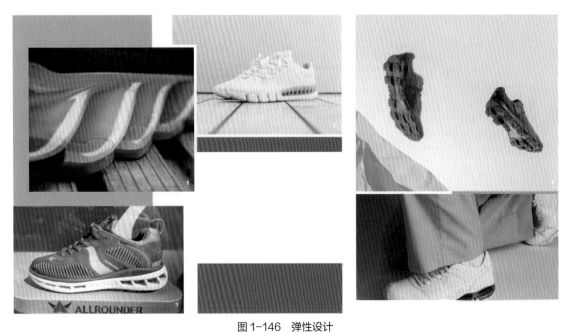

图 1-146　弹性设计

细密的透气网眼引领潮流，无内衬或有夹层细网眼在高强度运动中为足部透气。应用于双层式样，打造活力轻盈的设计（图1-147）。

图1-147 透气网眼设计

帆布织物更新了尼龙表面，可回收帆布坚持环保，提供了新的材质选择。撞色、瑕疵与线缝细节为运动鞋表面增添使用感（图1-148）。

图1-148 帆布织物

无内衬及有夹层的笼状网格带来俏皮造型。密集且多样的层搭效果与纹理和色彩对比完美搭配，将网格应用于鞋口处，打造现代外观（图1-149）。

图1-149　网格设计

作为必不可少的细节，朴素线缝彰显手工质感。粗细不同的线迹将鞋面拼接在一起，打造出反差补丁效果。皮革、针织和麂皮表面使运动装与正装类别进一步重叠（图1-150）。

图1-150　线迹设计

双层及三层鞋底设计通过 EVA 与橡胶材质打造关键弹性。设计贴合足底的自然运动，夸张的圆形及棱角设计强化了本系列的厚重鞋底潮流（图 1–151 ）。

图 1–151　弹性鞋底

任务6　设计思维表达

设计思维表达草图如图 1–152、图 1–153 所示。

图 1–152　"奇幻大自然"设计草图（1）　　　　图 1–153　"奇幻大自然"设计草图（2）

任务7　设计图稿

"奇幻大自然"设计效果图如图 1–154 所示。

图1-154　"奇幻大自然"设计效果图

四　鞋履整体搭配效果赏析

Coco Chanel 曾经说过:"鞋子是帮女人踏上人生坦途的必需品,也是优雅造型重要的一部分。"对于迷恋高跟鞋的女人来说,"穿起来有多痛,看起来就有多美"似乎是她们永不褪色的时尚真谛。再痛也要稳稳当当站在别人无法企及的鞋跟高度之上,维持高人一等的自信。平底鞋和中庸的中跟鞋,一副充满慵懒女人味的悠然自得,举手投足间却满是风情。两个极端,三种态度,都是由鞋子延伸出来的时尚宣言。(图 1–155 ~ 图 1–178)

图 1-155　Txell Miras 2019SS

图 1-156　Txell Miras 2019SS

图 1-157　PRADA 2018-2019AW

图 1-158　PRADA 2018-2019AW

图1-159　Multiple 2019SS

图1-160　Multiple 2019SS

图1-161　Miss Gee Collection 2018-2019AW

图1-162　Miss Gee Collection 2018-2019AW

图1-163　Daizy Shely 2018-2019AW

图1-164　Daizy Shely 2018-2019AW

图1-165　Sport Max 2018-2019AW

图1-166　Agnona 2018-2019AW

图1-167　Mishka 2018-2019AW

图1-168　John Richmond 2018-2019AW

图1-169　BLINK GALLERY 2018-2019AW

图1-170　ANNAKIKI 2018-2019AW

图1-171　Cerruti 2019SS

图1-172　Cerruti 2019SS

图1-173　Cerruti 2019SS

图1-174　Cerruti 2019SS

图1-175　Cerruti 2019SS

图1-176　Cerruti 2019SS

图1-177　Hippie Pop Trip 2019SS

图1-178　Hippie Pop Trip 2019SS

原创包袋设计

一 知识链接

（一）包袋的历史与演变

1. 国内

在我们中国的历史中，对包袋的称呼有很多种，背袋、佩囊、包裹、兜、褡裢、荷包等，不同时期有不同的说法，不同的民族和地区，说法也不太一样。"佩囊"是出现较早的一种称呼，也叫"荷囊"，古人衣服上没有口袋，出门的时候，一些必须随身携带的物品如钥匙、印章等零星小物品放在这种"囊"里面，随身携带，在使用时既可手提，又可肩背，所以也称"持囊"或称"挈囊"，制作荷囊的材料大多是动物的皮。最早有关于佩囊的文字记载在商周时期，用皮革做的专用于男性，用丝帛做的专用于女性。汉代以后，人们觉得老是提着或是背着有些不方便，就出现了挂在腰间的荷囊，后来又出现了专门放笏板（笏板：古代官吏上朝时用于记事的板）的"笏（hù）囊"、专门放香料的"熏囊"、专门放文具的"书囊"等。

到了唐朝前后，佩囊已经是很自然的物件，大概和现在的人都带着钱包差不多（图2-1、图2-2）。佩囊的装饰性作用也日益突现出来。首先表现在材料上，有用动物的毛皮来制囊，也有用光滑鲜亮的丝织物，并且在丝织佩囊表面绣上了五彩缤纷的图案。其次，囊的形状也不再是原来一成不变的矩形，而是出现了圆形、椭圆形、桃形、如意形、石榴形等。佩囊上的图案有繁有简，花卉、鸟、兽、草虫、山水、人物以及吉祥语、诗词文字都有，装饰意味很浓（图2-3）。唐代还出现了盛放鱼符的"鱼袋"，鱼符是唐代中央政府和地方官吏之间联络的凭信，也是官员的身份证明。鱼袋大多用布帛制作，所以成为"袋"，后来也有用木头制成的木匣子来放鱼符，有时木匣子还会外裹皮革或用金银装饰。

图2-1 唐代佩囊人像

图2-2 唐代腰间佩囊人物壁画

图2-3 唐代佩囊

宋代鱼符被废除，鱼袋却保留下来了，此外，宋代还有"昭文袋"，用于放文具。宋代（960—1297年）正式出现了"荷包"的说法，袁枚《随园随笔》下有"紫荷非荷包"，在元杂剧及明清笔记小说中也常见这种提法，荷包仍然是钱包的代名词。

明清（1368—1911年）之后，荷包的发展更是趋向了多元化，存世的有很多，通常以丝织物做成，上施彩绣（图2-4～图2-6）。因制作荷包的质料、造型各不相同，名称也不一，有的造型上小下大，中有收腰，形似葫芦，称为"葫芦荷包"（图2-7）；有的做成鸡心形，上大下小，俗称"鸡心荷包"；还有袋口装有金属搭扣的造型，更具有材质对比后产生的更加丰富的视觉美感（图2-8）。一些大中城市还有专门生产荷包的作坊，但更多的荷包作品是女子在家庭和同伴当中通过口口相传而学习制作出来的。清代规定朝服的腰带上必须佩戴荷包，关于荷包的用途有几种说法，一是用来存放食物，途中充饥；二是存放药物，以备出事时服用殉职。清代后期逐渐出现了专门盛放折扇的"扇套"、盛放香烟的"烟套"、盛放眼镜的"眼镜套"、盛放挂表的"表帕"等（图2-9～图2-11）。荷包也慢慢演变成了仅有装饰作用的配饰，有的干脆缝合了袋口，在里面填充香料或私密信物，在外面绣上精美的图案，类似现在的随身挂件。清代有一种专门盛放烟丝的葫芦形荷包，由于造型别致而流行，就是后来的"褡裢"。

图2-4　清代刺绣荷包

图2-5　清代刺绣荷包

图2-6　清代刺绣荷包

图2-7　清代葫芦荷包

图2-8　清代金属扣缂丝荷包

图2-9　清代扇套

图2-10　清代烟套

图2-11　清代眼镜套

辛亥革命后，西方文化传入中国，服饰形制也发生了翻天覆地的变化，西式包袋也随之出现在人们的生活中。

2.国外

在西方，早期的包袋只是简单的布巾，角和角捆在一起，里面放置物品。

16世纪初，当时欧洲的皇室贵族流行举办舞会。贵族夫人及名媛们为了能随身携带胭脂和口红，便请裁缝为她们制作一只只精致的小口袋，小巧玲珑，挂在手腕上，不会影响她们的舞姿。后来，妇女们用丝线编织包袋，并用刺绣、珠宝等进行装饰，挂在腰间与裙子搭配（图2-12～图2-17）。

图2-12　16世纪刺绣钱袋

图2-13　16世纪羊皮包

图2-14　16世纪挂在手腕的包

图2-15　16世纪挂在腰间的包

图2-16　16世纪挂在腰间的包

图2-17　16世纪金属搭扣包

从17到18世纪，甚至19世纪的大部分时期，欧洲女性的服装以宽大裙摆为主要特点，女人们的私人物品装在一个小袋子里，贴身系在腰间，她们可以从裙身开口处伸手到内衣的隔层摸到这个袋子，拿取钱包、情书、手绢、钥匙和便携缝纫工具等，从裙子外完全看不到。这种袋子用丝绸、麻或棉布制成，一般都装饰复杂，形状类似水滴或珍珠，差不多有两个手掌那么大，通常袋子都是成对携带，各自挂在臀部两侧，紧挨着大腿，所以又叫做"大腿袋"。到了英国摄政时期，女人们开始穿一种较透明的棉布裙子，在薄薄的裙子底下挂一个重袋子是很不雅观的，于是她们开始用网袋来装扇子和香盒。慢慢的包袋做为时装配件成为女士们衣着打扮中不可缺少的一部分。基于不同的潮流文化、不同的时代状况、不同的场合，女人的包袋已演变出变幻无穷的形式（图2-18～图2-24）。

图 2-18　17 至 18 世纪包袋

图 2-19　17 至 18 世纪包袋

图 2-20　18 世纪刺绣包袋

图 2-21　18 世纪珐琅画像包袋

图 2-22　18 世纪花卉刺绣包袋

图 2-23　18 世纪洛可可风格包袋

　　19 世纪初，欧洲打开世界之门，大型的旅游袋成为生活必需品，大袋和箱子顺应而生。人们对耐用包袋的需求迅速增长，皮质包袋大量出现，起初的皮质包袋还是被挂在腰带上，但它们越来越多地被拎在手中，手袋的概念正在兴起。19 世纪末，欧洲的皮革工业和皮质手袋的生产在工业革命的推动下迅速发展，与此同时，不只是皮革，还有很多其他材料被用来制作成包袋，并在不经意间记录下历史（图 2-25 ～图 2-28）。

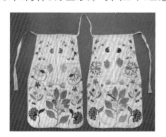

图 2-24　18 世纪贴身系腰包袋

图 2-25　19 世纪 20 年代
玳瑁镶嵌螺钿皮质手袋

图 2-26　19 世纪 20 年代珠绣零钱包

图 2-27　19 世纪 60 年代晚宴包

20 世纪，更多妇女走出家门，需要随身携带的物品也丰富起来，逐渐出现了各种不同形状、不同材质、不同尺寸的包袋。香烟的兴起，使得小烟盒成为了女士们出席交际场所的一种装饰品，小盒子式的包饰也因此被大量地投放入市场。作为时尚代表的包袋，成为司空见惯的流行物品，受当时横扫欧洲的"东方文明"风气的影响，包袋变得千奇百怪（图 2-29、图 2-30）。

图 2-28　19 世纪旅行包

图 2-29　20 世纪 20 年代象牙装饰
蛇皮手袋

图 2-30　20 世纪盒子式包袋

图 2-31　20 世纪 40 年代拿手包
的女明星

20 世纪 30 年代好莱坞电影的空前发展对时尚产生了巨大的影响，存放粉底、唇膏的化妆袋大行其道，各式的化妆袋，如贝壳、足球、门锁、花瓶及鸟笼形状的手袋——涌现。但在那个时代，时尚还只是富人的专属，微薄的收入和繁重的工作使劳动阶层的妇女与时尚无缘（图 2-31）。

充满硝烟的 20 世纪 40 年代，包饰设计最为强调实用性，而实用主义的潮流更受到军用物品设计的影响，挎在肩头的包风靡一时，因为可以用来装物资定额配给票据和身份证等而成为最为实用的行头。如今十分常见的单肩包这时才逐渐成为一种时尚配件，当男人们奔赴战场，越来越多的女人们需要走向工作场所，单肩包变得十分实用，因为它不再需要人们专门腾出一只手来携带。硝烟纷飞的战争岁月虽给人们带来极大痛苦，但它却促使包袋向平民化和简单化发展大大地迈进了一步。这一阶段女士们的包袋多用粗糙的帆布料制作，但造型多样，购物袋和单车袋也成为时髦的装点（图 2-32）。

由于战争年代的禁锢，经济渐渐复苏的 20 世纪 50 年代，女性服饰迅速地转向性感和妩媚，而包袋作为服装的配套装饰，也毫不例外地走向性感和妩媚。战后经济复苏，各种新型材质不断被研发出来，如塑料、尼龙、压模的手柄，塑料、金属连接件，各种合成纤维面料等，这些丰富的素材被设计师们灵活运用，制成了风格特色各异的包袋。在经济飞速发展的 20 世纪 70、80 年代，在某种意义上，包袋已成为文化地位和身份的象征（图 2-33、图 2-34）。

图 2-32　20 世纪 40 年代单肩包　　　图 2-33　20 世纪 50 年代手提包　　　图 2-34　20 世纪 60 年代包袋

（二）包袋的分类

包袋的形式非常多，要认识它们首先要将它们进行分类，分类时必须要按照某个标准进行。

（1）按用途分类：时装包、公文包、电脑包、书包、登山包、化妆包、摄影包、钱包等。

（2）按材质分类：皮包、牛津包、布包、草编包、尼龙包、塑料包、竹编包等。

（3）按款式分类：手拎包、单肩包、斜挎包、双肩包、手包、腰包、胸包等。

（4）按装饰工艺分类：刺绣包、编织包、拼布包、口金包、压花包等。

（5）按材质分类：真皮包、布包、塑料包、草包、尼龙包等。

（三）包袋的材质

不同的材质具有不同的手感和视觉效果，在制作包袋的材质中，最为常见的是皮料和布料。皮料又分为真皮类和仿皮类，其中真皮还可以分为头层皮、二层皮以及复合皮；仿皮有各种人造革、PU 皮、高纤皮等。布料的种类也十分多样，有帆布、牛津布、尼龙布等。还有许多编织包常使用一些天然材质，如玉米皮、麦秸秆、拉菲草等制成的绳线来制作。当然，这些编织包也有使用塑料绳或玻璃丝这些合成材质来制作的。另外还有一体成型的 PVC 材质的包，它们可以是透明的，也可以是各种或鲜亮或粉嫩的色彩，深受年轻女孩欢迎。

（四）包袋品牌

1. Hermes（爱马仕）

爱马仕是最早生产大型手袋的品牌之一，创立于 1837 年，创立之初公司主要生产马鞍和马具，20 世纪 20 年代，凭着"以质悦人"的宗旨和精湛技艺，成为国际顶级品牌。马车图案是其品牌悠久历史与精致品质的象征，通常会呈现在产品内部不起眼的位置。Birkin 包和因摩纳哥王妃的使用而名声大噪的 Kelly 包是爱马仕的经典系列（图2-35～图2-37）。

图2-35　爱马仕　　　　　图2-36　爱马仕包　　　　　　　　图2-37　爱马仕包

2. Louis Vuitton（路易威登）

路易威登创立于1854年的法国，起初是一家旅行皮件专卖店，皮箱产品精良耐用、功能广泛，风格高雅尊贵，其标志"LV"慢慢从巴黎传遍欧洲，成为精致旅行用品的象征。1987年，公司进行了一系列的并购活动，成立了LVMH集团公司，产品线也极大的扩充。1997年，来自纽约的设计师Marc Jacobs出任总监，一改传统保守的形象，推出了涂鸦包、青蛙包等产品，赋予了品牌跳跃活泼、青春可爱的趣味。精致、品质、舒适的"旅行哲学"是路易威登品牌的基调，一百多年来给予了人们关于旅行文化、艺术气息和精致生活的无限遐想（图2-38～图2-40）。

图2-38　路易威登　　　图2-39　路易威登包　　　　　图2-40　路易威登箱包

3. Prada（普拉达）

意大利品牌Prada于1913年在米兰创建，创始人Mario Prada所设计的时尚而品质卓越的手袋、旅行箱、皮质配件及化妆箱等系列产品很快便成为文化精英的最爱，并且得到了来自皇室和上流社会的宠爱和追捧。Prada在1919年的时候成为了意大利皇室官方供应商。今天，这家仍然备受青睐的精品店依然在意大利上层社会拥有极高的声誉与名望，Prada产品所体现的价值一直被视为日常生活中的非凡享受。Prada在1978年推出了尼龙袋，这是一款使用尼龙这种来自降落伞的材质打造的手袋。当时没有人会认为这个材质是高级的，但Prada对于奢侈与贫穷、美与丑等对立概念的执着思索，让人们重新为实用主义的尼龙面料下了新的定义。褶皱包也是Prada的经典款式，不少好莱坞明星在升格做父母之后，都会在外出时用这款包装婴儿用品。电影《碟中谍4》捧红了"杀手包"，至今仍是时尚界最重要的手袋款式之一。Prada前几年推出的"贝壳包"再次为品牌赢得不菲的市场战绩（图2-41～图2-45）。

图 2-41　普拉达

图 2-42　普拉达包

图 2-43　普拉达包

图 2-44　普拉达包

图 2-45　普拉达包

4. Bottega Veneta（葆蝶家）

来自意大利的品牌葆蝶家创立于 1966 年，2001 年加盟 Gucci 集团，深咖色的真皮编织手袋成为品牌的招牌产品。品牌秉持手工技艺，将皮料切割成细条，再编织成包体，特殊的肌理效果使得产品给人别具一格的视觉感受，因而大受欢迎。除了招牌手袋 Woven 以外，品牌还沿用了传统的动物花纹，制成蛇皮、鳄鱼皮、豹纹等手袋。此外，品牌在皮面上进行压纹、切割或雕花等工艺，使得产品华丽而富有民族气息，成为极具个性化的佳作（图 2-46～图 2-48）。

图 2-46　葆蝶家

图 2-47　葆蝶家包

图 2-48　葆蝶家包

5.Delvaux（德尔沃）

这是一个来自比利时的古董级手袋品牌，创立于 1829 年，始终坚持全手工组装程序，每一个手袋产品都附有工匠名字的卡片。年代久远的德尔沃深受皇室成员的喜爱，早在 1883 年，比利时国王就授予德尔沃"比利时皇家权证持有人"的殊荣。德尔沃成为皇室御用品供应商，从宝拉王后到马蒂尔德王妃都是德尔沃的忠实顾客。选料严格、款式高雅又低调的德尔沃对于比利时人来说，是文化的遗产，更是文化的象征，一件素简却优雅的德尔沃手袋既有优柔的媚态，又有雕塑般的强劲感（图 2-49、图 2-50）。

图 2-49　德尔沃包

图 2-50　德尔沃包

6. Gucci（古驰）

古驰 1923 年创立于意大利，起初售卖皮箱和马具，在经历了 20 世纪 40 至 60 年代的辉煌后，品牌在 80 至 90 年代跌入低谷，天才设计师 Tom Ford 于 1995 年加盟古驰，力挽狂澜，凭借现代而冷峻的时尚新面貌东山再起，书写了崭新的篇章。如今的古驰通过一系列的并购，已经成为一个囊括众多国际品牌的时尚帝国。古驰包袋以"高档、豪华、性感"而闻名于世，以"身份与财富之象征"成为上流社会的消费宠儿，一向被商界人士垂青，时尚而不失高雅（图 2-51、图 2-52）。

图 2-51　古驰包

图 2-52　古驰包

7. Fendi（芬迪）

创立于 1925 年的芬迪专门为罗马城中显贵和电影明星设计定做皮草大衣，公司创立初期是典型的家族企业，创始人第二代的五个女儿全部投入公司经营后，芬迪成功进入国际市场。芬迪的产品既新潮又不失传统尊贵，两个互扣的"F"组成了独特的图案，成为芬迪的标志。90 年代，芬迪推出了圆桶式包袋、滚筒式包袋、棍式包袋等，多变的造型配以不同的材质，成为时尚人士的必选之物。以皮草起家的芬迪擅长将皮草材质运用在产品设计中，有的修剪的如同天鹅绒一般，有的还经过印花、染色、补缀等工艺进行装饰，掀起时尚界一股奢华风潮（图 2-53 ～ 图 2-55）。

图 2-53　芬迪

图 2-54　芬迪包

图 2-55　芬迪包

8. Celine（赛琳）

1945 年，女设计师赛琳·薇琵娜（Celine Vipiana）在巴黎开设第一间店铺，以售卖高级男童皮鞋起家。50 年代后手袋成为品牌主力项目。Celine 手袋上各式各样的图案，如双轮马车、花朵及半月标记，更是深深地代表 Celine 的经典（图 2-56 ~ 图 2-58）。

图 2-56　赛琳

图 2-57　赛琳包

图 2-58　赛琳包

赛琳产品无论配件、设计、生产还是选材，都相当丰富精致，多年来持续为女性诠释优雅、创造时尚，同时不断地透过新产品的推出表达时尚界对文化与运动的关心。品牌强调产品之间的和谐搭配性，让华丽与自在共存，优雅但绝不会感到束缚。

充满当代风格的 Celine 是最能展现职业女性风采的法国品牌，浓烈、洒脱、独立。近几年来，随着 Celine 的发展，"秋千包""笑脸包"等著名产品风靡一时，名声大噪（图 2-59、图 2-60）。

图 2-59　赛琳包

图 2-60　赛琳包

2017 年，赛琳推出了容量巨大的 Bigbag，再次成为时尚焦点（图 2-61）。

图 2-61　赛琳包

9. LOEWE（罗意威）

LOEWE 品牌创立于 1846 年的西班牙，当时，几位皮革工匠在马德里市中心联合成立了一家合作社，这便是 LOEWE 的前身。1872 年，皮革手工匠人出身的德国商人 Enrique Loewe Rosseberg 并购了这家合作社，并用自己的名字 LOEWE 作为这家公司的名称。之后的一个世纪，LOEWE 不断发展壮大，而追求现代时尚则成为品牌最典型的特征。LOEWE 在皮革方面的非凡造诣使之迅速享誉国际市场，先后在东京、香港、伦敦等地开设品牌精品店。1970 年，艺术家 Vicente Vela 创作了著名的 Anagram 标记，其由四个相互缠绕的字母"L"组成。自此之后，这个标记便被广泛印制在 LOEWE 产品中，象征着一流的材质和卓越的手工艺。

1996 年，LOEWE 罗意威成为奢侈品巨头 LVMH 集团一员，创新、现代、极致工艺以及对于皮革的卓越理解一直都是品牌的核心价值（图 2-62 ~ 图 2-67）。

图 2-62　罗意威

图 2-63　罗意威包

图 2-64　罗意威包

图 2-65　罗意威包

图 2-66　罗意威包

图 2-67　罗意威包

10. Michael Kors（迈克高仕）

Michael Kors 简称 MK，是以设计师本人姓名命名的美国品牌。出生在纽约长岛的 Michael Kors 自小便与时装和演艺界结下不解之缘，当他只有四岁的时候，凭着可爱的样子便成为了燕麦片广告的小童星。他对服装的热爱几乎与生俱来，由于母亲曾是位模特，Michael 自小在陪她逛街时就发现了自己对服装的兴趣。当 Michael 只有十岁的时候，他便在专卖店出售自制的印花 T 恤及皮背心。

1981 年 Michael Kors 有限责任公司（LLC）成立。1998 年，Michael Kors 成为 LVMH 旗下法国时尚品牌 Celine 的创意总监。2000 年，Michael Kors 在纽约市第一家旗舰店开幕。2004 年至 2012 年，Michael 本人在艾美奖获奖电视真人秀节目《Project Runway》中担任评委，这更使他在美国家喻户晓。2014 年，Michael Kors 亚洲第一家旗舰店在上海嘉里中心开幕。至 2014 年年底，Michael Kors 在全球拥有五百多家零售店铺。

Michael Kors 的品牌精髓是 Jet Set 风尚，"Jet Set" 翻译成中文的意思是：乘喷气客机到处旅游的富豪、喷气机旅行界，也指年轻富豪。Jet Set 们上午在纽约，夜晚在巴黎，不在乎完美妆容，戴上墨镜，就能随时出发。只是为了一顿下午茶，就有了出走理由的奢华休闲风潮，意义不仅止于搭乘喷气机环游世界，最重要的还是舒服做自己，和自己的平底鞋相处愉快。Jet Set 这个词，意味着应该选择适应快节奏现代生活的时尚着装，无论要搭乘的是私人飞机还是穿梭都市的公共汽车，都应随时做好准备，闪耀登场（图 2-68 ~ 图 2-73）。

图 2-68　迈克高仕包

图 2-69　迈克高仕包

图 2-70　迈克高仕包

图 2-71　迈克高仕包

图 2-72　迈克高仕包

图 2-73　迈克高仕包

11. Coach（蔻驰）

Coach 品牌创立于 1941 的纽约，以一贯的简洁、耐用的风格特色赢得消费者的喜爱。1995 年新任董事长路·法兰克福发现，在物质富裕、资讯发达的现代社会，单靠功能性和品质已经不能满足消费者的需求，顾客更在意和追求是否愉悦、是否漂亮等情绪化需求。因此，公司聘请了新的设计师，提出了"3F"理念（Fun、Feminine、Fashionable），

Coach 产品不再以品质和功能作为仅有的竞争力，而将有趣的、有女人味的、时髦的情绪体验作为产品设计的新方向。如今，全球各大都市均有 Coach 的门店，其品牌形象已经成为美式生活的典范（图 2-74 ~ 图 2-76 ）。

图 2-74　蔻驰　　　　　　　　图 2-75　蔻驰包　　　　　　　　图 2-76　蔻驰包

12. Kate spade（凯特丝蓓）

凯特丝蓓是 1993 年创立于美国的品牌，造型简洁灵动，色彩大胆鲜亮，风格活泼有趣，它用活力无限的大胆色调表达着美国女性内心对于未来的美好憧憬和无所畏惧。Kate spade 的产品明媚可爱，常用有趣的图案，深受年轻女孩喜爱，许多美国女孩将其产品作为自己的成人礼，Kate spade 成为她们与时尚的第一次亲密接触（图 2-77 ~ 图 2-80 ）。

图 2-77　凯特丝蓓

图 2-78　凯特丝蓓包　　　　　图 2-79　凯特丝蓓包　　　　　图 2-80　凯特丝蓓包

（五）包袋流行趋势

包袋从出生至今，一直随着时尚变迁不断改变着式样，由于全球经济的快速发展，人们的足迹也越来越远，时尚的讯息更是在分分秒秒中极速传播。如今的消费者也对包袋的功能性、时尚感、品质、风格等各方面提出了越来越高的要求。现代女性需要出入不同的场合，需要塑造不同的个人形象，也就需要同时拥有数量足够多的包袋以备选择。

众多女性追捧的大品牌包袋通常具有经久耐用、高雅大方的特点，并且材质高档、做工精致，容易与多种风格的服装搭配，成为经久不衰的典范。大品牌包袋许多都采用天然的动物皮革材质，许多头层皮制作的包袋在使用过程中会受环境、温度、湿度以及与不同物品的摩擦等而产生的影响，慢慢呈现出别样的光泽和质感，这是众多真皮包拥戴者最为看中的特质。随着生态保护观念的普及，以及动物保护团体的不断努力，对珍稀动物皮革的使用越来越少了，鳄鱼皮、珍珠鱼皮、蜥蜴皮等材质的产品也许若干年后将消失在人们的生活中。

在市场中还有许多一般品牌的仿皮包袋，它们大多采用 PU 材质，这种材质成本低廉，可以喷涂或印染成五彩缤纷的色彩和图案，可以采用镂空、编织、钉珠、多层折叠等各种装饰方法，因此产品看起来异常丰富多彩。这类包袋因为材质的有效期较短，所以寿命也比较短，一般使用一两年就会出现开裂变形、表层脱落等情况。然而它们的款式造型往往更加能够体现当下的流行，许多销量巨大的快消品品牌都会出售，人们也会因其价格便宜而丢弃的更快更果断。

随着旅行文化的蓬勃发展，轻便耐磨并且具有大容量的牛津、尼龙、帆布包袋也在市场中占有越来越多的份额，如凯普林（Kipling，俗称"猴子包"）、珑骧（Longchamp）等。这些纺织品面料使用特殊的织造工艺，或是加以各种后处理，还能具有防水、防尘、防污等功能，这些优势是真皮包袋无法比拟的（图 2-81、图 2-82）。

图 2-81　凯普林

图 2-82　珑骧

⊜ 项目主题：艺术新表达

主题解读：罗曼罗兰说："艺术是一种享受，是一切享受中最迷人的享受。"人类文明历史长河中，无数的艺术形式反映了社会生活的真实性和深刻性，任由世代变迁，持续散发着不朽的魅力，给一代又一代人们带来巨大的艺术享受。它们超越时代、国度、民族的界限，展示了人性的高贵，成为全人类共同珍爱的精神财富。这些艺术形式在一定意义上是永恒的，其价值是无法估量的。

项目实施建议：在实施本项目之前，建议大家广泛浏览和阅读有关传统艺术的图书、影视剧作、展览等，寻找自己感兴趣的素材，使用擅长的方式做好记录，越详细越好，也可以和同学朋友展开讨论，征询不同见解和感受，还可以从著名的艺术大师、学者、艺术评论家等的微博或公众号阅读相关文章，获取全方位的信息。

三 项目案例实施

任务1 主题解析

　　"艺术新表达"这个主题涵盖的范围十分广泛，旨在引导设计者关注广泛的艺术形式，尤其是具有极强生命力的古老而传统的艺术形式，案例的思维导图中，作者联想到了中国书法、希腊雕塑、戏曲艺术、古建筑、印象派油画、埃及美术等几种艺术形式，并将这些内容再次发散，联想到更多的关键词（图2-83）。

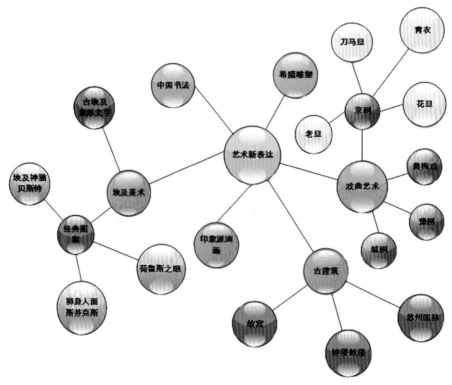

图2-83 "艺术新表达"思维导图

任务2 灵感解析

　　埃及美术的产生和发展与埃及人的宗教信仰、墓葬习惯和王权思想有很大关系。埃及人崇拜太阳神、水神和其他诸神，相信法老是神的化身，生前死后都享有神的特权。这些原因导致了金字塔、雕刻、墓室壁画等一系列艺术品的产生。埃及美术的一般特点是：建筑体量巨大，宏伟壮观，具有强烈的崇高感；雕刻朴素写实，整体性强，有观念化、概念化和程式化的倾向；绘画线条流畅优美，色彩丰富，人物表现采用正、侧面混合法，具有鲜明的风格和独特的感染力。

古埃及壁画中有许多人和动物结合的形象，猫神是其中之一，由狮神转化而来，她有猫儿一样的娇媚身姿和月光般动人目光，敏捷而富有力量，带给人们音乐、舞蹈和爱（图2-84）。

图2-84 "艺术新表达"灵感解析

任务3　风格定位和客群分析

埃及壁画装饰感极强，绘图比例严谨，写实风格为主理想化风格为辅，程式化的描绘方式给人十分稳定的感觉，色彩非常丰富，画面整体有极大的体量感，风格宏伟壮观、浓重绚丽，绘画线条流畅优美，有非常浓郁的神秘色彩。本项目包袋的风格也相应的具有埃及壁画的这些特点，图案的设计将会是一个重点，将传达明显的复古感，但将会结合其他材质和配饰，以体现当下的时尚特点。顾客群定位在28～40岁的女性，性格干练，充满行动力，同时具备一定的艺术审美品位，喜欢复古感、民族风、文艺范。

任务4 图案与色彩解析

　　我们选择埃及壁画中常常出现的猫神形象和眼睛图案作为设计的元素进行包袋的创意设计。眼睛图案的兴起和流行大约在 2013—2014 年，最初出现在著名品牌 KENZO 的发布会上。眼睛图案的灵感来自印度的庙宇和佛像，在印度教和佛教中，第三只眼睛象征着"开悟"，意指"智慧之眼"，代表着深层灵性的启发。而在土耳其等中东文化里，恶魔之眼是当地人的护身符。古埃及的"荷路斯之眼"是一种拥有非凡魔力的护身符，是古埃及人最常用做避邪的护身符。在西班牙著名画家达利的首饰作品中也有使用眼睛题材的作品。

　　在国际时装周发布会上，我们也常常能够看到以埃及美术作为灵感的时尚创意佳作，纪梵希 2014 高级成衣秀中使用了大量埃及壁画图案，设计师加利亚诺也曾做过埃及造型的发布会，作品细节中无不体现出埃及艺术浓浓的神秘厚重之感，仿佛穿越到了远古时期，聆听先人向我们细说着永远也讲不完的神话故事（图 2-85）。

图 2-85 "艺术新表达"图案与色彩解析

任务5 材质解析

为了表达埃及美术带给人们古老而厚重的视觉感受，根据主题意境，我们选择了哑光皮革、粗糙提花布料作为包袋设计的主要材质。眼睛图案是点睛之笔，局部使用能折射光线的仿钻石，带来闪光的灵动感（图2-86）。

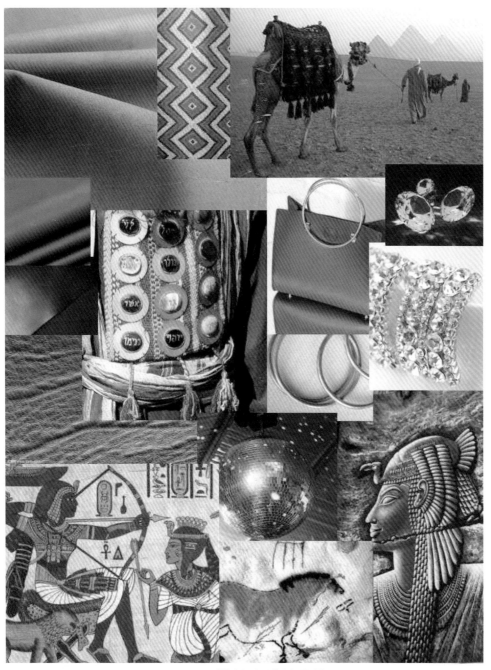

图2-86 "艺术新表达"材质解析

任务6　造型与细节解析

　　包袋的产生是以实用为主要目的，在长期发展演变中，慢慢被赋予了审美功能。包袋的外部造型、图案色彩是体现作品风格的关键，这是许多时尚人士最为关注的，但包袋的内部空间是体现其功能性的关键。因此，我们会发现，女性包袋的潮流变化远比男士包袋更加快，时装包袋的变化又比经典包袋快得多。这种现象在整个时尚圈是具有共性的。

　　我们浏览了最新的时装周资讯，反复研究和挑选，根据主题的意境，提取了一些造型和细节元素。宽宽的带状造型简练大气，十分利落，在女士包袋中常常看到，休闲中透着一些帅气，硬挺一些的充满力量感，柔软一些的又十分柔媚。这些宽宽的带子从包体自由下垂，当人们行走时自由翻飞，飘逸又时髦。金属环也是近年大热的细节，它的光泽冷峻而理性，隐约透出一些科技感，圆圆的造型可爱而俏皮（图2-87）。

图2-87　"艺术新表达"造型解析

任务7 设计思维表达

"艺术新表达"设计草图如图 2-88 ～图 2-90 所示。

图 2-88 "艺术新表达"设计草图

图 2-89 "艺术新表达"设计草图

图 2-90 "艺术新表达"设计草图

任务8 设计图稿

"艺术新表达"设计效果图如图 2-91 所示。

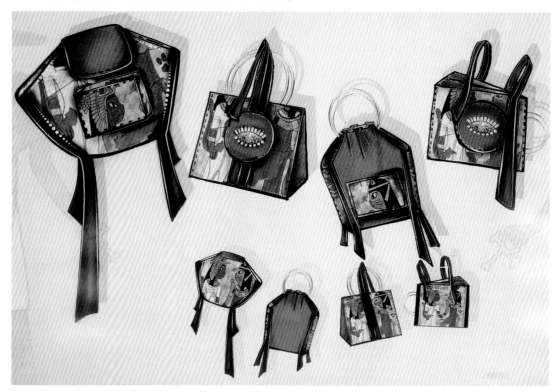

图 2-91 "艺术新表达"设计效果图

四 包袋整体搭配效果赏析

在生活中，包袋仅仅是人物整体造型中的一个局部，因此包袋与顾客的气质、与服装的搭配是否和谐显得尤为重要。当今世界上流行的各式包袋中，名牌效应有效地融入实用和审美的观念之中，那些美观大方、品质优良、讲究信誉和客户服务的品牌都在人们心中形成了一种标志性的印象，那些讲究生活品质、注重个人形象又具有较强购买力的人总是对此十分钟情。

与服装搭配的各类包袋，在使用中还需与环境协调。如果是在工作场合，公文包、书包以及双肩包看起来更加合适；在户外旅行时，容量大而轻便的尼龙包、筒包既能满足实用需求又自然得体；而参加聚会和晚会时，服装大多优雅大方，相应的宴会小包款式材质各异，必然会给个人整体形象锦上添花（图 2-92 ~图 2-117）。

图 2-92　包袋搭配赏析

图 2-93　包袋搭配赏析

图 2 94　包袋搭配赏析

图 2-95　包袋搭配赏析

图 2-96　包袋搭配赏析

图 2-97　包袋搭配赏析

图 2-98　包袋搭配赏析

图 2-99　包袋搭配赏析

图 2-100　包袋搭配赏析

图 2-101　包袋搭配赏析

图 2-102　包袋搭配赏析

图 2-103　包袋搭配赏析

图 2-104　包袋搭配赏析

图 2-105　包袋搭配赏析

图 2-106　包袋搭配赏析

图 2-107　包袋搭配赏析

图 2-108　包袋搭配赏析

图 2-109　包袋搭配赏析

图 2-110　包袋搭配赏析

图 2-111　包袋搭配赏析

图 2-112　包袋搭配赏析

图 2-113　包袋搭配赏析

图 2-114　包袋搭配赏析

图 2-115　包袋搭配赏析

图 2-116　包袋搭配赏析

图 2-117　包袋搭配赏析

原创首饰设计

一 知识链接

（一）首饰的历史与演变

人类佩戴首饰的历史虽然已无法确认具体的时代，但可以肯定的是，首饰的出现远远早于服装的出现。远古时期的人们，从各自生活的环境中找到动物的牙齿、骨头以及植物的纤维或种子用来做装饰自身的饰物。随着社会的发展和科技的进步，首饰的种类越来越多，用材、造型、工艺、图案等方面也越来越完美。在漫长的历史进程中，有些首饰被统治者所垄断，成为权力和地位的象征，但今天，首饰作为装饰艺术品已经被越来越多的人所接受和喜爱。首饰能体现出人们的审美需要和情感需要，同时也反映出人们当今的价值观念和生活方式的一个侧面。

1. 国内

首饰的起源的动机和因素是多方面的，旧石器时代"山顶洞人"用石头打磨、凿孔后串接起来的项饰，是已发掘出的世界上最早的首饰。这表明，在数万年前，原始人类已经懂得制作和佩戴项链。从世界上许多发掘出来的原始首饰中可以看出，它们有相似的造型、相似的装饰方法和相似的手工技术，虽然采取的原材料不尽相同，但都以本地区能够利用、便于得到的物品为主。居住在山区的人们通常选用动物的牙齿、骨头、蹄角、尾巴和翎羽等材料，居住在海边的人们通常选用鱼骨、贝壳、龟壳、珊瑚等材料。这些大自然赋予的礼物，不仅给原始人带来了美的享受，更多的满足了人们生活中的多方面的需要。

人类许多艺术形式最早都源于巫术礼仪活动，原始人对自然现象缺乏科学的理解和解释，他们无力抵御各种灾害，无法战胜凶猛的野兽，因此将希望寄托在神灵或是鬼魂身上，一些用兽骨、牙齿、珠子、石头做成的项链、胸饰、手镯、脚镯等都被当做护身符，以此来辟邪镇妖、保佑平安。有些部落以某种动物象征自己的祖先，在住所、身上都要垂挂或佩戴这种图形，以求保佑。审美也是首饰起源的重要因素，大自然的产物如此多彩而美丽，都能给人带来愉悦的享受。颈部是最适合装饰的部位，人们用采集来的材料经过挑选、加工、组合，使其形成新的结构和形态，显得整齐、对称而又富有韵律。从山顶洞人将小石珠凿孔制成的串饰到仰韶文化遗址发掘出的骨珠、兽牙、蚌珠、蚌环制成的饰物，都包含了人为的排列组合方法（图3-1）。

战国之前，中国的生产力还相对薄弱，整个社会发展以农业为主，人们需要靠天吃饭，世人的思想还被笼罩在具有浓厚宗教性质的巫史文化之中。这段时期的首饰材质以骨贝玉石为主，题材具有浓郁的神话色彩，表现出对上天的祈求和对美好生活的期盼，风格也较为粗犷（图3-2～图3-6）。

图3-1　山顶洞人项饰

图3-2　商朝高冠凤鸟佩

图3-3　战国金耳坠

图 3-4　战国兽形金带钩

图 3-5　战国鹰鸟顶金冠饰

图 3-6　战国玉虎佩

西汉丝绸之路的开通为玉石首饰的制作提供了机会。西域地区多产和田玉，且玉质细腻，受人喜爱。随着传统思想和审美情趣的改变，玉器也从礼玉、丧葬玉慢慢转化为装饰佩戴用玉，玉石首饰开始被大量使用。我国汉代已有了高超的金属制作技艺（图 3-7 ~ 图 3-9）。

图 3-7　西汉凤纹牌形

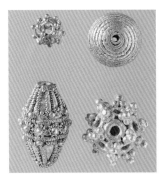
图 3-8　汉代金饰

图 3-9　汉代玉佩

到了唐代，妇女的发髻式样十分丰富，在发髻上配有众多的首饰，插戴的钗、梳、簪、篦等达数十种之多，使用的材料有金银玉骨以及象牙等。唐代的人们在首饰装饰上大胆追求自然之美，首饰多选取自然题材，反映了浓厚的生活趣味，展现了豪迈浪漫的审美情趣。这个时期的人们以欢快的想象力创造了许多艺术作品，充满生机，丰富多彩。但是在唐代佩戴玉首饰有着十分严格的规定，佩戴的玉石也是区分身份等级的标志，属于贵族的专用饰品，玉首饰的规格是比金银首饰要高的（图 3-10 ~ 图 3-12）。

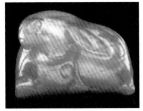
图 3-10　唐代兔形玉饰

图 3-11　唐代嵌宝石莲瓣纹金耳坠

图 3-12　唐代金栉

宋代商业贸易发达，社会富庶繁华，手工艺发达，因为南北地区文化的融合，创作了很多具有创新性的器物，在金玉首饰方面也达到了很高的水准。因受"程朱理学"的影响，这一时期的审美趣味也发生了变化，珠宝首饰不再像唐代富丽堂皇，更多的是崇尚自然题材，善于在自然景物中发现美的事物，并和自己的理想、追求融合，展示出不饰琢磨、天然成趣的审美态度，自然成为人们寄托精神情感的对象。南宋时期金银的产量得到了很大的提高，因为朝廷容许百姓自己采冶金银，所以这个时期的金银饰品数量也增加了很多。除了工匠，宅院里的女子也亲自改造首饰，将首饰中常见的物象重新组合创造新意象，因此这段时期的首饰带有很强的创新性。陈寅恪先生曾说："华夏民族之文化，历数千载之演进，而造极于赵宋之世"。在中国历史上，宋代的艺术文化水平取得了极高的造诣，并被一些国外学者称之为"东方的文艺复兴时代"。在此后中国近八百年来的文化，南宋文化成为了一种模式，江浙地区是发展的重点区域，形成了更加富有中国气派、中国风格的审美情趣（图3-13～图3-18）。

图3-13　宋银鎏金禽鸟对簪

图3-14　宋玉双神兽纹饰

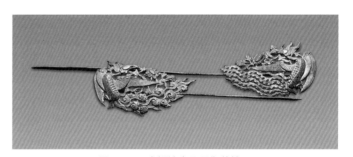

图3-15　宋银鎏金凤凰衔花簪

图3-16　宋银鎏金幡胜式簪

图3-17　宋云托月镂空方孔钱霞帔坠

图3-18　宋螭虎纹玉饰件

元代汉人不满的情绪需要发泄出来，在首饰的意象中也有所体现，因为需要有一定的寓意性，象征品格高贵、高风亮节的松竹梅等植物审美对象多被选用。北方民族的金艺以及首饰文化则达到一个更高的境界。元代的统治者为了捍卫权威地位，对龙的图案进行垄断，所以民间首饰不能出现龙的图案。元代人首饰作品豪迈粗犷，不拘泥细节，与宋代纤细秀丽风格不同，显示出了元代人豪爽的气概与审美趣味（图3-19～图3-25）。

明朝建立以后努力恢复汉文化，明太祖于洪武元年二月便下诏

图3-19　元代金簪

曰："悉令复衣冠如唐制，士民皆束发于顶"。因为社会政治的变化顺应了历史，文化艺术向着繁荣的方向发展（图3-26、图3-27）。

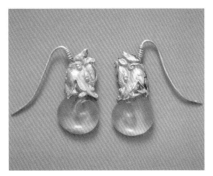

图3-20　元代水晶金耳环

图3-21　元代白玉透雕行龙纹海棠式佩

图3-22　元代孔雀开屏玉饰

图3-23　元代犀牛望月玉饰

图3-24　元代葡萄纹玉饰

图3-25　元代掐丝嵌宝石金饰件

图3-26　明镶宝石金饰

图3-27　明代玉马

　　清代珠宝首饰设计与制作主要承袭唐宋时期的风格。随着时间的推移，人民的阶级分化也日益明显，整体对于首饰的需求增多。多种材质的首饰大量问世，黄金白银、各种玉石、珊瑚玛瑙、珍珠松石等层出不穷。最早的翡翠玉石仅在王公贵族中少量使用，到了清代中期，翡翠玉石的数量增多，但仍然多用于宫廷之中。清晚期，因慈禧太后偏爱翡翠，引导了世人的喜好，翡翠饰品备受青睐，从此翡翠成为传统玉器的组成部分之一，清代也流传下来很多精致的翡翠首饰（图3-28～图3-31）。

　　1840年爆发的鸦片战争使中国从封建社会开始转化，社会制度的变革和外来的西方文化的冲击使旧的思维方式发生着改变，影响了中国人的审美趣味，从封闭自守的审美观念转向了宽容开放的态度，这可以说是深刻的改变。

图 3-28　清　金镶宝石蝴蝶花卉凤鸟

图 3-29　清代点翠镶宝石发簪

图 3-30　清代四马松石纹玉饰件

图 3-31　清代玉饰

中华人民共和国成立初期，黄金储备成为重要的战略资源，规定国内一切金银买卖统一归中国人民银行，大多数隐藏在民间的金银也被银行回收，直到 1982 年中国人民银行发布《关于在国内恢复销售黄金饰品的通知》，和黄金有关的饰品才再次在市场中流通，中国的珠宝首饰业开始持续发展，一直到现在。作为装饰和财富的象征，首饰的设计更加重视佩戴者的内心感受，与佩戴者产生互动，重视精神文化的阐述，同时与外来文化融合，个性、创新性更强，主要表现在材质、造型方面的创新。现代社会生产力大幅度提高，人们的生活水平得到很大改善，物质匮乏已经不是影响大多数人生活的根本问题，精神沟通的缺少日益表现出来，人们更渴求交流，当代首饰便成为了一种载体，满足人文关注和关怀的需要。

2. 国外

在欧洲，人们对珠宝的喜爱由来已久，因而推动了首饰设计和工艺技术的发展。古罗马的玉石雕塑闻名于世，镶嵌技术也十分高超，大量的首饰都是以金银为骨，在上面镶嵌珠宝和玉石，并有许多流传至今的作品。古埃及艺术更具有极强的装饰性和视觉冲击力，在首饰上也充分显示出其审美倾向。古希腊的首饰则精巧细腻，温润柔和（图 3-32 ～图 3-37）。

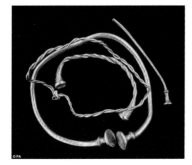

图 3-32　古罗马金饰

图 3-33　古罗马金戒指

图 3-34　古埃及镶嵌金项链

图3-35　古埃及黄金项圈

图3-36　古希腊花型黄金胸饰

图3-37　干罗马手镯

　　中世纪时期为我们展现出的是具有明显的宗教性质和神圣、肃穆、庄严而又压抑的特殊审美意义。因为受宗教文化严格的束缚，当时的珠宝首饰在某种意义上也是宣传宗教，以服务于宗教为目的。为了表达对上帝的赞颂，这段时期珠宝首饰题材被局限在宗教范围内，比如圣经故事和宗教人物。同时首饰分也为宗教首饰与世俗首饰。珠宝首饰表明社会等级，奢华的珠宝首饰是王公贵族的专属，也是国君显示国力强盛的途径。到了中世纪的后期，镶嵌宝石的装饰品繁多，贵族的衣服上都会用很多宝石进行装饰，极其奢华。平民则只能佩戴铜、锡等金属制成的饰品（图3-38 ~ 图3-45）。

图3-38　中世纪金戒指

图3-39　中世纪金饰

图3-40　中世纪金饰

图3-41　中世纪金饰

图3-42　中世纪时期鹰形别针

图3-43　中世纪伦巴底铁冠

　　文艺复兴的本义是"古典学术的复兴"，社会的生产力和人们精神方面都得到了解放，开始独立思考和自由讨论，追求人道主义的文化，文艺开始反映现实的本质，审美向着世俗化发展。这个时期的珠宝首饰设计主题包括宗教、神话故事和动植物等，但在首饰中主要宣扬宗教主题的开始减少，审美对象的取象中，人们开始重视自然，努力从自然事物中学习，模仿自然。当然模仿自然并不是单纯的被动行为，也要通过艺术手段主动的对自然

图 3-44 中世纪绿宝石十字项链吊坠

图 3-45 中世纪后期镶满宝石的手套

物象进行加工，要求达到一定的理想化或者是典型化。首饰作品色彩明快，主题丰富，原料和选材也很多样，充满着生命力。 文艺复兴时期的人们更加注重穿戴的美观性，首饰开始与服装进行搭配，宝石切割工艺也开始使用，珠宝首饰显得更加光彩照人。这些华丽的珠宝首饰也成为了统治者及新兴中产阶级炫耀自己特权和财富的媒介。这个时期男人佩戴的首饰主要是、帽徽和胸章。因为古典主义的复兴，古希腊、古罗马的神话人物场景成为首饰设计取象的元素，他们被雕刻成饰品上的人物肖像，这体现了当时一种新的审美文化，人们的独立意识再次觉醒（图 3-46 ～图 3-51 ）。

图 3-46 文艺复兴时期色彩斑斓的鹦鹉

图 3-47 文艺复兴时期婚礼吊坠

图 3-48 文艺复兴时期圣甲虫珠宝

图 3-49 文艺复兴时期首饰

图 3-50 文艺复兴时期首饰

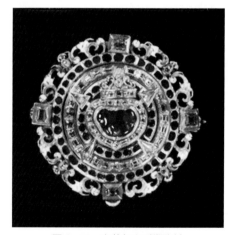

图 3-51 文艺复兴时期胸针

　　巴洛克时期的珠宝首饰继承了文艺复兴末期的矫饰风格，但也去掉了松散的形式，重视情感的传递，首饰具有整体的流动感、戏剧性和夸张性等特点。随着全球贸易的发展，宝石的种类和色彩越来越丰富，不断完善的切割技术使宝石更加闪亮光彩。这时期的首饰多镶嵌颗粒巨大的红宝石、蓝宝石、祖母绿等彩色宝石，造型华丽烦琐，尽显高贵的气息，将欧洲奢华风格表现得淋漓尽致。所以这时期的珠宝首饰更加夸张与奢华，充满热情和世俗味，头饰、耳饰、胸针等成套的首饰也开始出现。设计取象中蝴蝶结图案和植物纹饰是珠宝设计的主要元素。浮雕人像也是巴洛克珠宝的显著特征，在平面的宝石上雕刻出起伏的形象。雕刻材质也比较丰富多样，容易雕刻成型的彩色宝石、贝壳、缟玛瑙等多用来制作此类珠宝首饰，并经常配以珍珠、钻石、祖母绿等，镶嵌在手镯、戒指和吊坠上。宗教题材在巴洛克艺术占有一定的地位，这段时期的首饰仍有着浓郁的宗教色彩。最突出的特点就是各种各样十字架造型的吊坠、耳环、戒指以及皇冠，巴洛克时期的十字架相比其他时期体积变得更大，上面的装饰也更加华丽。巴洛克珠宝对珍珠极为推崇，在皇室和贵族的肖像中经常可以看到柔美的珍珠装饰在发髻、耳畔、颈部、腕间以及时装上，散发着端庄优雅的魅力。巴洛克时期的珍珠并不是以晶莹圆润为主，更多根据珍珠原有的形状而设计制作（图 3-52 ~ 图 3-57 ）。

图 3-52　巴洛克胸针

图 3-53　巴洛克浮雕项链

图 3-54　巴洛克珍珠独角兽吊坠

图 3-55　巴洛克珠宝

图 3-56　巴洛克浮雕戒指　　　　　　　图 3-57　巴洛克十字架胸饰

　　18 世纪欧洲进入了相对稳定和平的时期，纤巧繁细的洛可可风格成为流行时尚。随着社会经济的发展和宝石切割工艺的发展，珠宝首饰形成一种精致优雅偏女性的风格，审美取象多来源于花卉、枝叶、绸缎等，展现出纤小、华美和繁复的装饰效果。在 18 世纪，头发被认为是情感珠宝非常重要的表现形式。发丝珠宝含义很多，祝福生者，缅怀逝者，纪念爱情或者友谊等（图 3-58 ~ 图 3-60）。

图 3-58　18 世纪发丝挂件　　　图 3-59　18 世纪洛可可希腊帆船金耳饰　　　图 3-60　18 世纪银质彩宝项链

　　19 世纪是西方珠宝史上一个辉煌的时代，随着工业革命的爆发、现代科学的大力发展以及东西方多元文化的碰撞交融，加上受新古典主义、浪漫主义等艺术思潮的影响，19 世纪的西方首饰风格异彩纷呈、百花齐放，产生了诸多经典的珠宝首饰作品。通过这一时期的华美首饰，我们可以发现那段时期人们对于奢华的定义以及对美好生活的期盼。考古的新发现也促使了那个时期的金匠热衷于复兴古希腊、古罗马时期的珠宝首饰风格。反对矫揉造作，提倡简约，首饰作品中的线条流畅展示出优雅精致的美。可转换式珠宝首饰是巴黎首饰的独创工艺之一。这种设计风格轻盈，多自然风格元素，满足了法国大革命时期人们对和平自由、平静祥和生活的向往，用自然主义风格的首饰填补了那份内心的渴望（图 3-61 ~ 图 3-68）。

　　19 世纪晚期到 20 世纪初，是新艺术运动的时期，这一时期人们的审美发生了新的变化，提倡自然取象，小昆虫、植物、自然景象、美女、怪兽等元素在珠宝首饰中被大量使用，推崇曲线和个性的造型，反对以往过于传统、复古的题材。首饰的装饰性变得更强，有的可以说是艺术品，它的价值也由设计和工艺决定，而不是单单看金银等金属材料和宝石的价值，所以首饰材料的运用也开始变得更加多样。金属多用黄金，多镶嵌彩色宝石，用巴洛克珍珠进行装饰，珐琅工艺的运用使珠宝首饰作品表现的效果更加逼真。由于工业时代

图 3-61　19 世纪金质衔尾蛇项链

图 3-62　19 世纪孔雀翎胸针

图 3-63　19 世纪葡萄串冠冕和项链

图 3-64　19 世纪雀鸟护巢手镯

图 3-65　19 世纪维多利亚钻石吊坠胸针

图 3-66　19 世纪镶嵌吊坠

图 3-67　19 世纪野蔷薇与茉莉花钻冕

图 3-68　19 世纪三色堇冠冕

的到来与战争的影响，西方人的审美仍然在不断地变化。这段时期的珠宝首饰的设计制作中运用了大量体现工业气息的锐利的、几何图案的元素，并开始尝试铂金材质，密集镶嵌的宝石也成为了这个时期的艺术特征，主要是装饰艺术风格。

战争的影响加速了东西方文化的互相影响与融合，很多珠宝首饰体现了东方文化和对称风格，埃及、中国、日本等东方元素被运用到珠宝设计中，珠宝首饰风格开始向着国际化发展。1925 年起，装饰艺术运动逐渐开始影响珠宝设计领域，在一个多世纪的时间里深受喜爱，直到现在仍然可以在珠宝首饰中看到它的影子（图 3-69 ~ 图 3-71）。

1960 年代珠宝的价值被重新定义，传统意义上的珠宝被新兴的独立珠宝商不断挑战，他们多是毕业于艺术学院的学生，拥有大胆的创意，被称为"先锋派"。新的技术和身边随处可取的非珍贵材质如塑胶、木、纸、陶瓷、毛发等加入到首饰的制作中，完全颠覆了传统珠宝的理念，通过探索饰品与人的互动关系，使首饰成为一门新的艺术，散发着粗犷、细腻、乖巧或严肃的气息（图 3-72 ~ 图 3-76）。

图 3-69　20 世纪装饰艺术耳环

图 3-70　20 世纪装饰艺术胸针

图 3-71　20 世纪初新艺术瀑布项链

图 3-72　20 世纪 60 年代首饰

图 3-73　20 世纪 60 年代大手镯

图 3-74　20 世纪 60 年代首饰

图 3-75　20 世纪 60 年代手镯

图 3-76　20 世纪 70 年代怀表

　　在整个欧洲服饰史中，首饰与服装是密不可分的一个整体，对贵金属和宝石的热爱使欧洲首饰业发展迅速，最终形成了一大批以意大利和法国为中心的珠宝首饰品牌。到了近代，首饰的设计多采用装饰艺术手法来表现，抽象的设计层出不穷。贵重首饰的仪式性功能依然存在，它们大多保留着手工制作的传统，对选材也极其严格，而与此相对的，随着首饰佩戴越来越日常化，许多使用低价材质和机械化生产的首饰也为大众提供了更多物美价廉的选择。

　　在中外漫长的历史发展中，首饰的用途、造型、材料等方面都表现出不同的特点，一方面是阶级社会等级制度的出现，使首饰的佩戴方法有了一些规定，在各种礼仪活动中人们都要依照特定的要求佩戴首饰，另一方面，社会经济技术的进步使首饰制作材料、工艺技术越来越精湛。当代首饰是多元化的，因为文化的大融合，首饰设计打破了常规，除了给佩戴者带来美的体验与感官的愉悦之外，相比传统的珠宝首饰还能承载更多的内容，在人与人、人与社会的关系中发挥重要的作用（图 3-77、图 3-78）。

图 3-77　香奈儿金色之狮

图 3-78　梵克雅宝鱼形珠宝

（二）首饰的分类

（1）按装饰部位分类：发饰、耳饰、颈饰、胸饰、手饰、足饰、腰饰。

（2）按制作工艺分类：镶嵌类首饰、雕刻类首饰、锻造类首饰、手工艺类首饰。

（3）按材料分类：金属类首饰、宝石类首饰、陶瓷类首饰、塑料类首饰、绳线类首饰。

（三）首饰的材质

首饰材料的使用与研发是首饰制造行业不断发展和创新的保障，不论是设计者、制造商还是佩戴者，都对首饰材料十分关注。人们不仅仅讲究材料的价值，更追求其新颖的造型、独特的光泽。首饰发展到现在，所用的材料不断被改善和创新，出现了许多新型材料，极大地丰富了首饰的式样与风格，也满足了各个层面的消费需求。

1. 珠宝

珠宝分为天然珠宝玉石（天然宝石、天然玉石、天然彩石、天然有机宝石）和人工宝石（人造宝石、再造宝石、拼合宝石、合成宝石）。

天然宝石包括：金刚石、红宝石、蓝宝石、金绿猫眼、绿柱石、祖母绿、碧玺、蛋白石、冰彩玉髓、和氏璧等。

天然玉石包括：黄龙玉、玛瑙、碧玉、灵璧玉、和田玉、青花翠玉、岫岩玉、南阳玉、冰彩玉髓、佘太翠、金丝玉、翡翠、蓝田玉、孔雀石、绿松石、东陵玉、汉白玉、准噶尔玉、夜光玉、硅孔雀石、绿冻石、青金石、金黄玉、冰花玉、英石等。

天然彩石包括：寿山石、田黄石、青田石、鸡血石、五花石、长白石、端石、洮石、松花石、雨花石、巴林石、贺兰石、菊花石、紫云石、磬石、燕子石、歙石、红丝石、太湖石、昌化石、蛇纹石、上水石、滑石、花岗石、大理石等。

天然有机宝石：琥珀、珍珠、珊瑚、象牙、煤玉等。

（1）玉

玉是远古人们在利用选择石料制造工具的长达数万年的过程中，经筛选确认的具有社会性及珍宝性的一种特殊矿石。《说文解字》释玉为"石之美者，玉也"。《辞海》则将玉简化的定义为"温润而有光泽的美石"。中国是世界上开采和使用玉最早、最广泛的国家。古书上关于玉的记载很多，玉之润可消除浮躁之心，玉之色可愉悦烦闷之心，玉之纯可净化污浊之心。所以君子爱玉，希望在玉身上寻到天然之灵气。玉是我们中国传统首饰常用的材料，"玉"字在古人心目中是一个美好的、高尚的字眼，在古代诗文中，常用玉来比喻和形容一切美好的人或事物，它古朴温润的气质，很契合东方人的内敛、儒雅的气质。玉器早期为贵族常用的祭器，有辟邪驱灾的含义，如今常被用于制作手镯、挂件等首饰（图3-79）。

（2）玛瑙

玛瑙是玉髓类矿物的一种。玛瑙是佛教七宝之一，自古以来一直作为辟邪物、护身符使用，象征友善的爱心和希望。玛瑙表面平坦光滑，类似于玻璃光泽，有的较凹凸不平，体轻，质硬而脆，易击碎，断面可见到以受力点为圆心的同心圆波纹，具锋利棱角，可刻划玻璃并留下划痕。玛瑙以其色彩丰富、美丽多姿而被当做宝石制成首饰和工艺品。玛瑙的色彩相当有层次，有半透明或不透明的，通常有绿、红、黄、褐、白等多种颜色，古代陪葬物中常见到成串的玛瑙球，以质坚、色红、透明者为佳（图3-80）。

（3）绿松石

绿松石，又称"松石"，因其"形似松球，色近松绿"而得名。绿松石因所含元素的不同，颜色也有差异，含铜较多时呈监色，含铁较多时呈绿色。绿松石制品颜色美丽，深受古今中外的人们、特别是穆斯林和美国西部人民所喜爱。克斯米尔地区和中国拉萨目前是世界最大的绿松石交易市场。远古人们对自然现象不能作出科学解释，从而神化自然，对顽石的产生和来历自然也作了神化，认为"山者，气之苞，所以藏精含云，故触石而出"。考古者在挖掘埃及古墓时发现，埃及国王早在公元前5500年就已佩戴绿松石珠粒。松石早在古代就被列为贡品，其抛光面为油脂光泽，被誉为不可再生的远古瑰宝。自古以来，绿松石就在西藏占有重要的地位。它被用于第一个藏王的王冠，用作神坛供品以及藏王向居于高位的喇嘛赠送的礼品及向邻国贡献的贡品。在西方国家，人们把绿松石作为镇妖、辟邪的圣物和吉祥、幸福的象征。绿松石在中国被称之为天国宝石，视为吉祥幸福的圣物。绿松石是国内外公认的"十二月生辰石"，代表胜利与成功，有"成功之石"的美誉（图3-81）。

图3-79　玉石

图3-80　玛瑙珠

图3-81　绿松石

（4）琥珀蜜蜡

琥珀和蜜蜡从地质学上讲是同一种东西，透明的叫琥珀，不透明的叫蜜蜡，形成于4000万年至6000万年前，是史前松柏科植物的树脂滴落后，掩埋在地下千万年，在压力和热力的作用下石化而形成的，故又被称为"树脂化石"或"松脂化石"。琥珀形状多种多样，表面常保留着当初树脂流动时产生的纹路，内部经常可见气泡及古老昆虫或植物碎屑，有的还带有香味。琥珀蜜蜡作为一种有机宝石，佩戴的时间越长，光泽会越来越油润，也会因人体体温的关系慢慢变得更加透明。有些蜜蜡摩擦后会散发出淡淡的松香味，气息高雅。蜜蜡在不同宗教都被视为通灵之物，在藏传佛教很受重视，用来做念珠和护身符，能辟邪趋吉。黄色蜜蜡有催财旺财的象征意义，同时也是珍贵的药材。波罗的海血蜜被收藏家视为琥珀之王，尊贵无比（图3-82）。

（5）红珊瑚

红珊瑚属有机宝石，是地球上最古老的海洋生物之一，距今已有5亿年的历史，生长在远离人类的深海当中。红珊瑚色泽喜人，质地莹润，与珍珠、琥珀并列为三大有机宝石。天然红珊瑚是由珊瑚虫堆积而成，生长极缓慢，不可再生，而红珊瑚只生长在几个海峡（台湾海峡、日本海峡、波罗地海峡、地中海），所以极为珍贵。红珊瑚横切面呈同心纹，像树木年轮，枝上有许多圆形小坑，是珊瑚虫穴居的地方。红珊瑚在中国以及印度、印第安民族传统文化中都有悠久的历史，尤其是印第安土著民族和中国藏族等游牧民族对红珊瑚更是喜爱有加，甚至把红珊瑚作为护身和祈祷的寄托物。根据历史记载，人类对红珊瑚的利用可追溯到古罗马时代。古罗马人认为珊瑚具有防止灾祸、给人智慧、止血和驱热的功能，一些航海者则相信佩戴红珊瑚，可以防闪电、飓风，使风平浪静，旅途平安，因而，罗马人称其为"红色黄金"，使红珊瑚蒙上一层神秘的色彩。红珊瑚在东方佛典中亦被列为七宝之一，自古即被视为富贵祥瑞之物，代表高贵权势，所以又称为"瑞宝"，是幸福与永恒的象征。藏传佛教

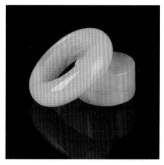

图3-82 琥珀蜜蜡饰品

图3-83 红珊瑚珠串

里面的念珠和配饰也是由它制成。清朝时期红珊瑚被用作二品官帽的顶珠和朝珠，西藏的喇嘛高僧多持红珊瑚制成的念珠。由于珊瑚的稀有及不可再生性，使它极具收藏价值，增值十分迅速，用天然红珊瑚制成的饰品更受到人们的喜爱（图3-83）。

（6）珍珠

珍珠是一种古老的有机宝石，产于贝类软体动物体内，根据地质学和考古学的研究证明，在两亿年前，地球上就已经有了珍珠。珍珠种类丰富，形状各异，具有瑰丽色彩和高雅气质的珍珠，自古以来为人们所喜爱。西方文艺复兴时期的名画"维纳斯的诞生"惟妙惟肖地描绘了珍珠形成的神话故事：维纳斯女神随着一扇徐徐张开的巨贝慢慢浮出海面，身上流下无数水滴，水滴顷刻变成粒粒洁白的珍珠，栩栩如生，整个画面安详而唯美。有史以来，珍珠一直象征着健康、纯洁、富有、幸福、美满、高贵。我国自秦汉以后珍珠使用日渐普遍，封建社会权贵用珍珠代表地位、权力、金钱和尊贵的身份，平民以珍珠象征幸福、平安和吉祥。

珍珠按照成因分为天然珍珠和人工养殖珍珠两种，天然珍珠又分为海水珠、淡水珠。中国的天然淡水珍珠主要产于海南诸岛，珍珠的形状多种多样，最典型的是圆形和梨形，其中以圆形为佳，颜色有白色系、红色系、黄色系、深色系和杂色系五种，光泽柔和且带有虹晕色彩。中国的珍珠养殖技术已非常成熟，珍珠价格也相应大众化。

珍珠还具有安神定惊、清热滋阴、明目去翳、解毒生肌等功效，现代研究还表明珍珠在提高人体免疫力、延缓衰老、祛斑美白、补充钙质等方面都具有独特的作用（图3-84）。

图3-84 珍珠

2. 贵金属

（1）银

银的化学符号为 Ag，硬度为 2.7，熔点为 961.78 摄氏度，密度为 10.53，是古代就已知并加以利用的贵金属之一。银质地软，据有延展性，其反光率极高，是做首饰的极佳材料之一。由于银独有的优良特性，人们曾赋予它货币和装饰的双重价值，在古代，银的最大用处是充当商品交换的媒介。足银是指含量 99.99% 的银，常见于多种银制品如碗、筷、杯子、壶等，925 银是指含量 92.5% 的银，是银饰品里面用得最多的一类材质。银的导热、导电性能很好，由于 100% 的银质地很软，很容易划伤，不适宜精细的工艺要求以及现代流行饰品越来越丰富和夸张的造型要求，再加上 100% 银容易变色和失去光泽，因此，1851 年，Tiffany（蒂芙尼）公司推出第一套含银 92.5% 的银器后，925 银便迅速成为银饰的主力，它比纯银的硬度要高，而银的光泽、亮度和硬度都有所改善，有利饰品的制作。

（2）黄金

黄金的化学符号为 Au，相对密度为 17.4，摩氏硬度为 2.5。黄金首饰从其含金量上可分为纯金和 K 金两类。纯金首饰的含金量在 99% 以上，最高可达 99.99%，故又有"九九金""十足金""赤金"之称。为了克服金价格高、硬度低、颜色单一、易磨损、花纹不细巧的缺点，通常在纯金中加入一些其他的金属元素以增加首饰金的硬度，变换其色调，降低其熔点，这样就出现成色高低有别、含金量明显不同的金合首饰，冠之以"Karat"一词。K金制是国际流行的黄金计量标准，K 金的完整表示法为"Karat Gold"。常见有 14K、18K、24K 金，首饰用得最多的是 18K 金。

（3）铂金

铂金，简称 Pt，硬度为 4 ~ 4.5，相对密度为 21.45，熔点高达 1773.5 摄氏度，是一种天然形成的白色贵重金属，其色泽美丽、耐熔、耐摩擦、耐腐蚀，在高温下化学性稳定。它比贵金属中的黄金、白银等更加稀少和贵重。铂的颜色和光泽是自然天成的，历久不变。延展性强，可拉成很细的铂丝，轧成极薄的铂箔后强度和韧性也都比其他贵金属高得多。1 克铂即使是拉成 1.6 千米长的细丝，也不会断裂。导热导电性能好，化学性质极其稳定，不溶于强酸强碱，在空气中不氧化。铂金首饰的纯度通常都高达 90% ~ 95%，常见的铂金首饰纯度有 Pt900、Pt950。铂金首饰纯度极高，因此也不会使皮肤过敏。

3. 其他材料

（1）木料

木料是最原始的材料之一，来自天然生长的树木，以往常会用在家具的制作中，但在现代的首饰作品中也有很多以木质为材料的。木材是在自然环境中生长的，有着天然而独特的纹路，非常容易切割雕刻，可以根据设计的需要随意地做造型，可塑性很强。它的打磨也是很容易，被打磨得很光滑的木质首饰具有很细腻的光泽，同时触感舒适亲肤，使配戴者有着与自然亲近的感觉。在首饰的制作中常用的木质的种类主要有乌木、红木、黄花梨和紫檀等，颜色偏向于暖色调，视觉上给人以一种庄重安静的感觉（图 3-85）。

（2）水钻

水钻是一种俗称，其主要成为是水晶玻璃，是将人造水晶玻璃切割成钻石刻面得到的一种饰品辅件，这种材质因为比较经济，同时视觉效果上又有钻石般的夺目感觉，因此很受人们的欢迎。水钻一般用于中档的饰品设计中。水钻中最著名的是奥地利施华洛世奇钻，简称奥钻。水钻按颜色分可分为：白钻、色钻、彩钻。光线通过水钻切面聚光，使其有很好的亮度，切面越多，亮度越好，水钻的切面一般有八个，水钻背面是镀上的一层水银皮（图3-86）。

（3）亚克力

亚克力是英文Acryhcs的音译，是丙烯酸（酯）和甲基丙烯酸（酯）类化学物品的总称。压克力具有很高的透明度，透光率达92%，有"塑胶水晶"之美誉。它兼具良好的表面硬度与光泽，加工可塑性大，可制成各种需要的形状与产品。另外，它还十分轻巧，用它制成的首饰比用其他常用材料要轻很多，对设计体积较大但又不能过于沉重的耳环、发夹等饰品来说十分合适（图3-87）。

图3-85　木珠首饰　　　　图3-86　水钻　　　　图3-87　亚克力

（四）首饰品牌

1. Tiffany（蒂芙尼）

珠宝界的皇后，以钻石和银制品著称于世。品牌创建于1837年，于1851年推出了925银制装饰品而更加著名。1837年，在纽约百老汇大街259号创建的Tiffany & Young起初只是一家小小的文具饰品店。当时，欧洲宫廷的王室珠宝品质优良，乃珠宝界中的精品。日渐富裕起来的美国人渴望拥有象征上流社会的王室珠宝作为对自己价值的肯定，以此来表明自己新的经济和社会地位。蒂芙尼广开门路搜罗欧洲的贵族御宝。

1886年，蒂芙尼推出了最为经典的Setting系列钻戒，首创的经典铂金六爪钻戒，将钻石镶在戒环上，使其光芒得以全方位折射，最大限度地衬托出钻石的闪耀光泽，让全世界发现了饰品的原创美及极简风格的魅力。"六爪镶嵌法"面世后，立刻成为订婚钻戒镶嵌的国际标准。到19世纪末，蒂芙尼的实力已经与欧洲珠宝商不相上下。

1986年，蒂芙尼将店铺开到了伦敦，开启欧洲市场的拓展。1987年，为了庆祝公司成立150周年，蒂芙尼分别在美国历史博物馆、纽约大都会艺术博物馆、波士顿艺术博物馆和芝加哥自然历史博物馆举行蒂芙尼银饰和珠宝回顾展。蒂芙尼的创作精髓和理念皆焕发出浓郁的美国特色：简约鲜明的线条诉说着冷静超然的明晰与令人心旷神怡的优雅。和谐、比例、条理，在每一件蒂芙尼作品中都能自然地融合并呈现出来。它能随意从自然万物中获取灵感并撇下烦琐和矫揉造作，只求简洁明朗，而且每件杰作均反映着美国人民与生俱来的直率、乐观以及乍现的机智。蒂芙尼创立不久就设计了束以白色缎带的蓝色包装盒，成为其著名的标志。以爱与美、罗曼蒂克与梦想为主题而风靡了近两个世纪的蒂芙尼，以充满官能的美以及柔软纤细的感性满足了世界上所有女性的幻想和欲望（图3-88、图3-89）。

图 3-88　蒂芙尼

图 3-89　蒂芙尼首饰

2. VanCleef&Arpels（梵克雅宝）

　　法国珠宝世家梵克雅宝，1906 年在最为国际名流人士流连忘返的巴黎芳登广场 22 号开设了精品店，从此开启了一段珠宝传奇故事。梵克雅宝以其独树一帜的设计理念和精湛的工艺赢得了世界的赞誉。在珠宝的世界里，梵克雅宝代表的是崇高的法国气质，它浸染了巴黎的艺术气息，紧随自然的韵律，应和一颗颗渴望飞扬的心，在珠宝的殿堂中，演绎着和谐轻盈之美。梵克雅宝一直致力于改良珠宝的外观，以增加光泽与明亮度，呈现宝石天然原始的感觉，提升其价值与魅力。1933 年，梵克雅宝发明了"隐秘式镶嵌法"，可以将宝石与宝石紧密地排列在一起，其间没有任何金属座或镶爪，赋予宝石一个完全不同的外观，影响了整个高级珠宝业。一个多世纪以来，梵克雅宝以巧夺天工的精工技术、极为挑剔的宝石筛选、精致典雅、简洁大方的样式与完美比例的造型设计，在国际珠宝界中独树一帜。在梵克雅宝的百年历史中，鸟一直是设计师们最钟爱的灵感源泉之一，以鸟为主题的作品用珍贵宝石塑造出振翅欲飞的和谐之美（图3-90、图3-91）。

图 3-90　梵克雅宝

图 3-91　梵克雅宝首饰

3. Bvlgari（宝格丽）

宝格丽是意大利经典珠宝品牌，成立于 1884 年，起初是一家银器店，专门出售精美的银制雕刻品。宝格丽在首饰设计中独创性地用多种不同颜色的宝石进行搭配组合，用色豪放，不拘一格，配以不同材质的底座，以凸显宝石的耀眼色彩，再加上一些意大利的古典元素使得整体感觉很古典奢华，相当的精致瑰丽。20 世纪早些年，在欧美珠宝界中，以法式风格最为盛行，首饰的题材和选料都有一定规矩，到了 40 年代，来自意大利的宝格丽率先打破了这一传统，推出了不同颜色搭配的珠宝作品。为了使宝石的色彩更为齐全，宝格丽开创性地使用了半宝石，如珊瑚、紫晶、碧玺、黄晶、橄榄石等，还首创将陶瓷、黄金和宝石结合为一体。为了使首饰上的彩色宝石产生浑圆柔和的感觉，宝格丽研究改良了流行于东方的圆凸面切割法，以圆凸面宝石代替多重切割面宝石。这对当时的欧美传统首饰来说，算是一次有冲击性的革新。宝格丽还开创了心型宝石切割法和其他许多新奇独特的镶嵌形状。宝格丽大胆独特、突破传统学院派设计的严谨规条，均衡也融合了古典与现代特色，创作出独特风格，备受世人青睐（图 3-92、图 3-93）。

图 3-92　宝格丽

图 3-93　宝格丽首饰

4. Cartier（卡地亚）

卡地亚作为法国珠宝制造商，是世界上知名度最高的顶级珠宝品牌，于 1847 年在巴黎创办。当时的巴黎，经过王位争夺的一番动荡后，又恢复了花都昔日的浮华气象，极大地推动了巴黎珠宝业的繁荣。在卡地亚三兄弟和他们父亲的努力下，卡地亚于 19 世纪末享誉国内外，父子相传仅两代，卡地亚已成世界"首饰之王"。1902 年，卡地亚的店铺已经从巴黎开到了伦敦和纽约，纽约逐渐成为卡地亚王国的总部。Cartier 的设计以三兄弟环球旅行所发现的异国情调为特色，最有名的就是它的小豹子，小豹子的每一个动作都会被设计成一款好看的珠宝首饰作品。回顾卡地亚的历史，就是回顾现代珠宝百年历史的变迁，一百多年以来，被誉为"皇帝的珠宝商，珠宝商的皇帝"的卡地亚仍然以其非凡的创意和完美的工艺为人类创制出许多精美绝伦，无可比拟的旷世杰作（图 3-94 ~图 3-96）。

图 3-94　卡地亚　　　　　图 3-95　卡地亚项链　　　　　图 3-96　卡地亚手镯

5. Harry Winston（海瑞温斯顿）

海瑞温斯顿是享誉全球超过百年的超级珠宝品牌，在切割钻石上的精湛工艺与周密谨慎的考量，总能让钻石转手增加数倍的价值。施华洛世奇是对水晶的切割达到出神入化的地步，那海瑞温斯顿就是对钻石的切割达到了至高境界。1890 年，大批的欧洲移民开始进入美洲这片新大陆开拓自己的生活，海瑞温斯顿的父亲 Jacob Winston 在曼哈顿地区开设了一间小型珠宝与腕表工坊，凭借其精湛细腻的技术和手艺，很快这家小店变得远近驰名。海瑞温斯顿从小就对珠宝怀有一份特别的感觉，天资过人的他 20 岁不到就成为了纽约钻石交易所的卖家，与生俱来的敏锐直觉和独到眼光让他在这一行迅速站稳了脚跟。1920 年，海瑞温斯顿在纽约的第五大道上创立了珠宝公司，有"钻石之王"美称的海瑞温斯顿向来只挑选最出色的宝石原料，为了能让钻石在最小的体积内容纳最大的光芒，作为钻石花式切割翘楚的海瑞温斯顿，宁愿牺牲重量而为每颗原石找寻最适合的切割形状，尊重每一块原石的本型，最终让钻石闪耀出最完美的光芒。海瑞温斯顿从不会事先画好设计图再寻找宝石，而是根据已有的宝石进行创意发挥（图 3-97 ~图 3-99）。

图 3-97　海瑞温斯顿　　　　图 3-98　海瑞温斯顿项链　　　　图 3-99　海瑞温斯顿首饰

6. MIKIMOTO（御木本）

御木本是日本珍珠首饰品牌，对经典品质与典雅完美有着永恒的追求。创始人御木本幸吉先生被誉为"珍珠之王"，他在 23 岁的时候，对水产业产生了浓厚的兴趣。当时无节制的开采使得当地蚌的数量越来越少，御木本一方面呼吁保护蚌类，一方面幻想能够用人工的方法培育珍珠。1888 年，御木本建起珠蚌养殖场，经历了无数次的失败之后，1893 年终于培育出人工养殖珍珠，进而创立了 MIKIMOTO 品牌。在 19 世纪，当养殖珍珠面世时，人们认为它是假的东西，只是一种模仿品。在巴黎及伦敦都有诉讼，御木本花了颇多时间到各地传播关于养珠的知识和资料，纠正人们对养珠的歧视与误解，养珠业有今日的地位，他功不可没。在日本，珍珠首饰被认定为母亲留给女儿最珍贵的嫁妆，1924 年御木本被日本皇室指定为御用首饰，此后，日本皇室举办婚礼，御木本首饰是必备的礼品。远在欧洲的英国皇室也对其青睐有加，多次重要典礼的后冠及饰品上的珍珠均由御木本提供。2002 年开始御木本成为环球小姐的官方珠宝赞助商，每一年绝不缺席地为新任的环球皇后增添美丽，御木本成为极品珍珠的代名词（图 3-100 ~ 图 3-103）。

图 3-100　御木本

图 3-101　御木本首饰

图 3-102　御木本首饰

图 3-103　御木本首饰

7. SWAROVSKI（施华洛世奇）

施华洛世奇 1895 年诞生于奥地利，在德文里是黑天鹅的意思。创始人丹尼尔·施华洛世奇从小就与水晶、玻璃做伴，其父亲与当地大多数从业者一样，经营一家水晶切割小作坊。1908 年，丹尼尔开始探索人造水晶的制造，他和三个儿子共同入驻实验室，花费了 3 年时间对融化炉进行了设计及制作，1913 年施华洛世奇的无瑕疵人造水晶石正式投放市场，这些水晶及宝石产品很快受到了市场的热烈追捧。经过两年的研制，于 1917 年又推出了自动打磨机，用来加工水晶制品。20 世纪 20 年代，欧洲兴起给裙装配水晶装饰的潮流，丹尼尔顺势进入，生产了碎水晶，可以直接缝在衣服或鞋子上，这一产品上市即收获成功，引来了香奈儿、迪奥、古驰等大品牌的订单。

施华洛世奇本身就是人造水晶制品，不是纯天然的，以切割工艺和设计而出名。不过这家古老而神秘的公司仍保持着家族经营方式，把水晶制作工艺作为商业秘密代代相传，独揽与水晶切割有关的专利和奖项。而它最有名的就是关于水晶的设计加工制作，施华洛世奇对于水晶的切割研究出了自己的一套方法，更好地将水晶展示给世人。

自 21 世纪初，施华洛世奇的水晶石已经在世界各地被认定为优质、璀璨夺目和高度精确的化身，施华洛世奇的闪耀光芒之所以闻名于世，完全是由于它们的纯净、独特切割以及刻面的编排和数目，巧妙地被打磨成数十个切面，以致对光线有极好的折射能力，整个水晶制品看起来格外耀眼夺目。施华洛世奇崇尚创意精神，秉承多元化发展的优良传统，始终保持着全球最大切割水晶产品制造商的地位（图 3-104 ~ 图 3-107）。

图 3-104　施华洛世奇首饰　　　图 3-105　施华洛世奇首饰　　　图 3-106　施华洛世奇首饰　　　图 3-107　施华洛世奇首饰

（五）首饰流行趋势

1. 传统首饰需求依旧强烈

传统的金、银等贵金属和翡翠、玉石等经典珠宝首饰，因其本身珍贵稀有、价格稳定，被人们当成保值的首选，需求依旧强劲稳定。其中，翡翠、玉石等因其原材料的不可再生性，价值随着时间的推移只会上升不会下跌，成为首饰收藏的首选。除了保值，这些天然材质的首饰本身的审美价值也是弥足珍贵的，贵金属本身的金属属性、色泽、质感具有很好的审美特性；翡翠、玉石、珍珠等珠宝色泽细腻、形状多样，散发含蓄、幽然的光泽，雍容华贵。将这些贵金属、珠宝通过别具匠心的创意设计制成首饰，散发出高雅、动人的神韵，适合多种场合佩戴，能彰显出佩戴者的非凡气质，美感十足。

2. 个性化首饰受到追捧

在当下这个追求个性的时代，个性化、多样化的消费观念逐渐成为主流，尤其是年轻人，对个性化首饰的需求尤为强烈。个性化首饰突破了传统首饰材料的束缚，设计师自由发挥，充分挥洒自己的灵感与创意，创造出新颖、前卫、特色鲜明的个性化首饰，这些首饰个性张扬且设计感十足，深受潮流人群和年轻人群的追捧。快时尚品牌饰品以产品更新快、价格低、款式多、同款量少的优势，与紧跟时尚潮流的运作模式而风靡市场，被广大青年人热捧（图 3-108 ～图 3-110）。

图 3-108　个性化耳环　　　　图 3-109　个性化胸针　　　　图 3-110　个性化项链

3. 首饰功能追求多元化

首饰是以审美功能为主兼顾使用功能的一种产品。首饰的价值主要体现在材料价值和审美价值上，头饰、腰饰等在很多时候也兼具固定头发、衣服的功能，展现使用者的身份、气质和个性特征，但人们佩戴首饰的主要原因依旧是为了美观，审美仍然是首饰的主要功能。随着科技的进步和人们需求的多元化，许多首饰的功能突破了单一的装饰作用，将很多其他附加功能设计到首饰上，体现出明显的多元化趋势。现代首饰设计不仅展示首饰的静态美感，更通过融入趣味性，形成一件件生活化、趣味化的时尚作品。加入趣味娱乐功能的首饰越来越受欢迎，那些使人感到愉快、能引起兴趣的作品，总能够让人心情舒畅、欣喜着迷。这些首饰因具有互动性、可变性、趣味性而受到人们的青睐，促进设计师和消费者之间的情感沟通与交流，表现出一种娱乐趣味。另外，随着人工智能的兴起，智能穿戴设备出现并强烈冲击着传统珠宝首饰，珠宝首饰也可以具备一定的功能或属性，如健康管理、消息提醒、娱乐和酷炫的效果，通过软件程序支持以数据交互、云端交互实现强大的功能等。

4. 首饰材料体现多元化

随着社会的发展，首饰在材质上，将不再拘泥于传统的昂贵材料，新型材料层出不穷，包括有机材料和无机材料。塑料、纺织品、木材、皮革、普通金属、纸张等材料，都可赋予首饰作品更加丰富的内涵和极强的表现力。传统材料仍占有重要的地位，新材料异军突起，综合材料激发广泛的兴趣，打破了过去的设计局限，以多种材料综合运用代替单一材料的设计兴起。将各种不同材料进行组合设计，可以提高产品的价值和美感，并获得多材质的节奏变化和层次美感。

二 项目主题：都市逃离派

主题解读：昨夜的浮尘还未来得及平定，今天的匆忙已拉开序幕，等待通勤车的白领或衣衫革履或妆容精致，却遮不住连日加班后的倦意；牵着孩子的家长，急匆匆赶路；担心迟到的职场新人一路狂奔；骑着电摩的快递员工作时间必须精算到秒；路边的餐馆小摊人满为患，呼喊声此起彼伏……整个城市一片匆忙，喧闹的人流、鼎沸的车声、轰鸣的机器、嘈杂的市井……片刻的宁静都变得那么奢侈那么遥不可及。东晋陶渊明诗句里描写的景象，直到今天仍是无数人的梦想：代耕本非望，所业在田桑。采菊东篱下，悠然见南山。凤隐于林，幽人在丘。从古至今，诗意迸发时，必是身处荒野中，大自然总是会引发人们无限的美好想象。坐观垂钓者，徒有羡鱼情，人生总要给自己一些去看那惊涛拍岸，去赏那山花烂漫的机会。也许只有逃离，才能让疲惫的心恢复它本来应有的纯净。

项目实施建议：在实施本项目之前，建议大家多维度观察都市生活，对比城市和乡村、野外的区别，围绕主题展开思索，从中寻找自己感兴趣的素材，使用任何擅长的方式做好记录，越详细越好，也可以和同学朋友展开讨论，征询不同见解和感受，还可以从著名的艺术大师、学者、艺术评论家等的微博或公众号阅读相关文章，获取全方位的信息，为后面的项目实施做好准备。

三 项目案例实施

任务1　主题解析

　　主题"都市逃离派"能引起很多的思考，身处都市的我们每天忙于应付工作学习，少得可怜的空余时间大部分也都被八卦新闻和媒体信息所占据，人们越来越依赖网络而生活，高速铁路、扫码支付、共享单车、网络购物被称为"新四大发明"，这些虽然使人们的生活更为便利，但站在食物链顶端的我们，却时常有一种迷失之感。逃离到都市之外，大自然仍在以自己亘古不变的节奏运行着，或美丽或神秘或热烈或平静的生灵们，不疾不徐，翩然起舞（图3-111）。

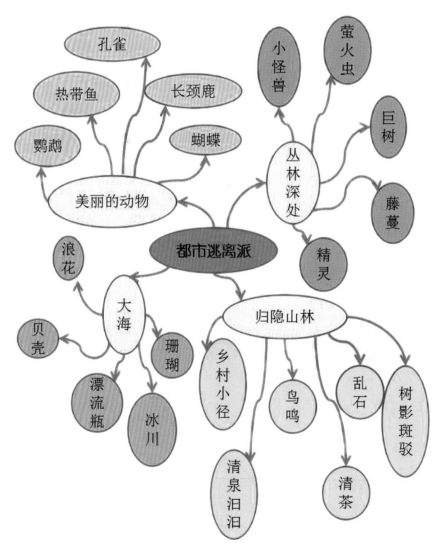

图3-111　"都市逃离派"思维导图

我们厌倦城市快节奏的生活，身心充满了疲惫感，停不下来的日子，慢不下来的步伐，多么羡慕自由自在飞舞的蝴蝶，还有悠然晃动羽翼的孔雀，它们那么悠然，那么美丽，那么无拘无束。突然发现美丽的事物竟有相似之处，那如流水般的轻柔，如云彩般的轻盈，将我们带离喧嚣都市，如入梦境（图3-112）。

图3-112　"都市逃离派"灵感解析

任务3 风格定位和客群分析

　　以蝴蝶和孔雀的造型和色彩作为设计的主要元素，倾向于略带华丽的民族风格，高纯度的色彩带给人强烈的视觉冲击，充满行动力和体量感。适合追求个性化和夸张效果的顾客，与新中式风格、森女风格、民族风格的服装相配，使穿戴者彰显端庄沉静、自信笃定的成熟气质。

任务4 色彩解析

　　灵感来源于孔雀与蝴蝶，它们色彩缤纷绚丽，浓重热烈，如同精灵一般装点着大自然。采用强烈的对比色作为主色调，烘托华丽丽的视觉效果（图3-113）。

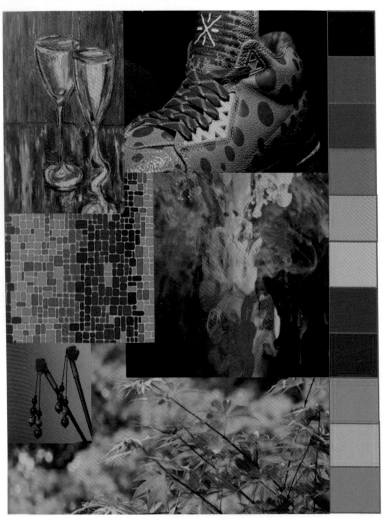

图3-113 "都市逃离派"色彩解析

主要使用常见的合金、彩钻以及珐琅填充制作（图 3-114）。

图 3-114 "都市逃离派"材质解析

任务6　造型解析

　　蝴蝶和孔雀本身具有十分优美的外形，浓烈色彩下，采用曲折流畅的流线造型，营造作品温婉柔美的特性（图3-115）。

图3-115　"都市逃离派"造型解析

任务7　设计思维表达

"都市逃离派"设计草图如图 3-116、图 3-117 所示。

图 3-116　"都市逃离派"设计草图

图 3-117 "都市逃离派"设计草图

任务8　设计图稿（图3-118）

图3-118　"都市逃离派"设计效果图

四　首饰整体搭配效果赏析

　　莎士比亚曾经说过：珠宝沉默不语，却比任何语言更能打动女人心。传统的贵重首饰不光是服饰配件，还是一笔资产、一种生活品质，如今的首饰多种多样，早已不再是贵重珠宝一统天下，科技和新材料的出现，使首饰呈现出多样化趋势。许多平价珠宝，采用各种或仿制或天然的材质，设计出的华丽与时髦感，同样不逊色于珍贵珠宝所展现的夺目耀眼，同时也可以满足人们对珠宝首饰质地与风格的多种需求，而平易近人的价格，也许更容易让人倾心（图3-119～图3-136）。

图 3-119　首饰搭配赏析

图 3-120　首饰搭配赏析

图 3-121　首饰搭配赏析

图 3-122　首饰搭配赏析

图 3-123　首饰搭配赏析

图 3-124　首饰搭配赏析

图 3-125　首饰搭配赏析

图 3-126　首饰搭配赏析

图 3-127 首饰搭配赏析

图 3-128 首饰搭配赏析

图 3-129 首饰搭配赏析

图 3-130 首饰搭配赏析

图 3-131　首饰搭配赏析

图 3-132　首饰搭配赏析

图 3-133　首饰搭配赏析

图 3-134　首饰搭配赏析

图 3-135　首饰搭配赏析

图 3-136　首饰搭配赏析

原创帽饰设计

⚊ 知识链接

（一）帽饰的历史与演变

帽子，随处可见，从外国到中国，从古代到现代，从儿童到老人，从皇帝到平民，不同的人在不同的场合戴不同的帽子会有不同的效果和作用，帽子不仅起到了装饰的作用，更有其他的寓意和用途。

1. 国内

在中国古代，帽子绝对是区别身份和等级、讲究礼仪的重要物品。魏晋南北朝时期就有白纱帽、乌纱帽等；唐朝有浑脱帽、毡帽、压耳帽、风帽，妇女戴的帷帽、胡帽等；明清有遮阳大帽、圆帽、堂帽、毡帽、小帽、皮帽、狗头帽、凉帽等。不同的时代，帽饰也在不同的历史舞台上扮演着不同的角色，下面我们列举几种我国不同时期的典型帽饰。

（1）乌纱帽

乌纱帽起源于东晋，但历史上并没有记载。相传是东晋南朝时一位叫做王休仁的人创制了第一顶乌纱帽，他将一块黑色的纱布四周抽扎起，中国第一顶乌纱帽就此诞生。乌纱帽在隋朝被定为官帽。杨广统一天下建立隋朝后，乌纱帽更是风靡朝野，杨广对乌纱帽也十分感兴趣，把它指定为官帽，风行一时，并且规定什么官级戴什么样的乌纱帽（图4-1、图4-2）。

图4-1　乌纱帽　　　　　　　　　图4-2　乌纱帽

隋朝在中国的历史较短，不久之后各地农民起义风起云涌，老百姓由于憎恨官员，所以对官员所戴的乌纱帽也产生了厌恶感。由于处于不稳定时期，许多官员也怕戴乌纱帽被老百姓识破身份，引来杀身之祸，所以，这种冕服制度自然而然被废弃了。

乌纱帽真正开始风靡、成为官民都喜欢的礼帽或便帽则始于唐朝。当时官员、百姓、文人墨客、山人隐士对乌纱帽都情有独钟。时至明代，乌纱帽已经成为官员的一种特有标志，那时文武百官，以及未被授权的状元、进士等，一律应佩戴乌纱帽，而百姓已然不能再戴。到了清朝，乌纱帽才开始退出历史舞台，但官佩乌纱帽的观念早已深入人心，人们仍旧习惯地运用乌纱帽作为官员标志，时至今日，我们也依旧喜欢以"头顶乌纱帽"来形容官员（图4-3、图4-4）。

图 4-3　乌纱帽　　　　　　　　　　　图 4-4　乌纱帽

（2）瓜皮帽

　　瓜皮帽的出现可以追溯到明朝，但却兴盛于清朝。瓜皮帽由六块材料组成半圆形，形似半个西瓜皮，无檐、窄檐或包有装饰窄边，多为黑色的绸、呢绒或纱制作。它曾在清朝风靡一时，为大众所热衷。当时，瓜皮帽主要应用于男子帽饰，属于便帽的一种，相比其他帽饰都更为流行与普遍，无论老人还是小孩，都可随意佩戴，但是瓜皮帽作为人们日常佩带帽饰，是不能够登上大雅之堂的，这也是它之所以没被后人广为知晓的原因之一（图 4-5、图 4-6）。

图 4-5　瓜皮帽　　　　　　　　　　　图 4-6　瓜皮帽

（3）东坡帽

　　东坡帽是南方人用来防日晒雨淋的"竹笠"。之所以称"东坡帽"，据说是经苏东坡亲自改造制作而成的。他被贬谪到广东的惠州和海南的儋县（古称儋州）时，就将南方人用来防日晒雨淋的"竹笠"做了改动，因而又有了另一种的"东坡帽"。这种"东坡帽"样式和当地居民戴的斗笠基本相似，所不同的地方是比一般的竹笠大点，在笠沿处加上了一圈几寸长的黑布或蓝布，以防止阳光直射到人的脸庞。当地百姓一下就接受了苏东坡改革之后的这种帽子。这种东坡帽不是朝堂士大夫附庸风雅的装饰物，而是劳作在田间地头面朝黄土背朝天农民必不可或缺的工具。因为惠州和儋县都是苏老先生的流放地，两地虽然相隔千山万水，但东坡足迹所至之处，东坡的印记自然留下，因而两地帽的制式和名称自出一辙（图 4-7、图 4-8）。

图4-7 东坡帽

图4-8 东坡帽

（4）关于帽子的历史典故

乌纱帽：宋太祖赵匡胤登基后，为防止议事时朝臣交头接耳，就下诏书改变乌纱帽的样式：在乌纱帽的两边各加一个翅，这样只要奥黛一动，软翅就忽悠忽悠颤动，皇帝居高临下，

图4-9 乌纱帽

看得清清楚楚，并在乌纱帽上装饰不同的花纹，以区别官位的高低（图4-9）。

2. 国外

在国外，历史上人们称帽子为冠、盔、巾、冕等，也包括假发装饰。不同的时期都有其代表性的帽饰，下面我们来列举一些典型时期的典型帽饰。

（1）古埃及

由于宗教习俗和高温的缘故，富人会佩戴假发或饰有彩条和花纹的亚麻帽、羊毛帽等，以象征身份地位。穷人只能戴毡毛便帽（图4-10～图4-12）。

图4-10 古埃及国王

图4-11 古埃及王后

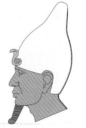

图4-12 古埃及帽饰

（2）古希腊

在古希腊时期，有一种被称为皮托索思阔边帽，是一种与短外套相配的宽檐毡毛帽，这种帽子既可挡雨又可遮阳，极具实用价值。还有一种来源于小亚细亚古国王冠的垂尖圆顶小帽，后来这种帽饰被作为军队的金属头盔样式（图4-13）。

（3）古波斯

这一时期男性留长发，发须卷卷，国王戴三重冕式的帽子或蓝白相间的毡毛无檐帽，后发展为缠头式女帽（图4-14、图4-15）。

图4-13　古希腊帽饰

图4-14　古波斯帽饰

（4）拜占庭

当时妇女佩戴真丝小帽或珍珠网，把头发罩起来，这种打扮为中世纪欧洲妇女所效仿，其制作精美而奢华（图4-16）。

图4-15　古波斯帽饰

图4-16　拜占庭帽饰

（5）中世纪

中世纪男式帽子为无檐绒便帽、遮沿帽、兜帽和卷边帽，并饰有羽毛，这是羽毛首登服饰舞台。妇女头上主要饰品为考佛利齐帽或修女头巾、称为"汉宁"的圆锥形高帽，或纯亚麻做的王冠式无檐小帽等（图4-17、图4-18）。

图4-17　中世纪羽毛帽

图4-18　中世纪汉宁

（6）文艺复兴时期

文艺复兴对男士服饰的影响大于女士服饰，男帽形式主要为饰有羽毛或珠宝的贝雷帽，无檐，由毛毡、布、或金丝绒制作；窄檐帽，帽顶很宽，前饰羽毛或珠宝。妇女以假发最为时髦，也有贝雷帽、锥形帽（图4-19～图4-21）。

图4-19 文艺复兴时期帽饰　　图4-20 文艺复兴时期帽饰　　图4-21 文艺复兴时期帽饰

（7）16世纪

男性戴帽顶很高的贝雷帽；有檐的大帽，帽边有切口花边，有束带（图4-22～图4-24）。

图4-22 16世纪高顶贝雷帽　　图4-23 16世纪切口大毡帽　　　图4-24 16世纪帽饰

（8）17世纪

随着骑士服的发展，男帽逐渐演变为以高筒窄边帽为主。女帽与男帽相似，装饰较多（图4-25、图4-26）。

图4-25 17世纪男帽　　图4-26 17世纪女帽

（9）18世纪

这个时期的帽子极尽奢华，主要是翻边或不翻边的三角帽、称尼维诺瓦的小型帽、前后有帽檐的双角帽、大而无檐的平民帽、红色自由帽以及大礼帽等（图4-27）。

图4-27　18世纪帽饰

（10）19世纪

法国男式高顶大礼帽盛行，用海狸毛皮或安哥拉毛毡制成，灰色或黑色，成为19世纪男性头饰的风尚。女士无檐帽仍然流行，与有檐帽共存，且每年都有变化（图4-28、图4-29）。

图4-28　19世纪帽饰

图4-29　19世纪帽饰

（11）20世纪

帽子服饰完全标准化，美国式的软毡帽、圆顶礼帽、汉堡帽一起竞争。女士帽子更是五彩缤纷、变化多端，贝雷帽、头巾式无檐帽、筒形帽以及一些大草帽等，款式繁多，选择余地大（图4-30～图4-33）。

图4-30　礼帽

图4-31　礼帽

图4-32　头巾式无檐帽

图 4-33　大草帽

（二）帽饰的类别及特点

帽子品种繁多，可以按用途分、按使用对象和式样分、按造型变化分、按制作材料分等，下面仅就造型变化来列举。

1. 礼帽

礼帽，分冬夏两式，冬用黑色毛呢，夏用白色丝葛。其制多用圆顶，下施宽阔帽檐。近代时，穿着中西服装都戴此帽，为男子最庄重的服饰。绅士礼帽其实早在 17 世纪时在西方资本主义国家就流行开来。随着男士时装潮流的不断革新，旧时用来显示社会阶级的帽子逐渐发展成现代男装中必不可少的配饰之一（图 4-34 ~ 图 4-36 ）。

图 4-34　礼帽

图 4-35　礼帽

图 4-36　礼帽

我们通常说的绅士礼帽由 4 个部分组成（图 4-37 ）：

图 4-37　礼帽

1—帽冠；2—帽檐；3—帽带；4—吸汗带（缠绕于帽冠内部，我们的额头与帽子直接接触的部分）

2. 贝雷帽

贝雷帽是一种扁平的无檐帽，帽身帽顶不分，帽身宽大，帽顶平坦，一般选用毛料、毡呢等制作，具有柔软精美、潇洒大方的特点。它起源于文艺复兴时期，其中法国与西班牙交界的巴斯克地区居民佩戴的铝塑贝雷帽是现在美国特种部队所用的军帽。戴用贝雷帽时，将帽贴近头部，并向一侧倾斜，在日常生活中应用广泛（图4-38~图4-41）。

图4-38　贝雷帽　　　　图4-39　贝雷帽　　　　图4-40　贝雷帽　　　　图4-41　贝雷帽

3. 鸭舌帽

鸭舌帽又名鸭咀帽，特色是帽顶平且有帽舌。帽檐从两寸到四寸，宽窄也有不同。鸭舌帽最初是猎人打猎时戴的帽子，因此，又称狩猎帽，因其扁如鸭舌的帽檐，故称鸭舌帽。

在春夏季，鸭舌帽开始和时尚运动风结合，许多设计师在设计具有运动情调的服装系列时都喜欢用鸭舌帽来搭配。佩戴鸭舌帽的方式，最正统的就是正戴了。不过，曾是邋遢的表现的"歪戴帽子斜穿衣"更能让当今渴望摆脱拘束的新人类心动。歪歪地将鸭舌偏到脑袋的一侧，或者干脆将鸭舌戴着脑后头，露出饱满的额头，也煞是俏皮可爱（图4-42~图4-44）。

图4-42　鸭舌帽　　　　　图4-43　鸭舌帽　　　　　图4-44　鸭舌帽

4. 棒球帽

棒球帽是随着棒球运动一起发展起来的，在美国非常非常流行。比赛中选手们刚开始是为了遮住阳光带上帽子的，所以帽檐比较长，来遮挡太阳光对眼睛的照射从而获得更好的成绩，这就是最早的棒球帽。所以很多球迷也会戴自己喜欢球队的帽子。流行起来之后就不只是棒球球队的帽子了，现在各种款式和品牌的棒球帽在全世界很流行。棒球帽由帽舌、帽顶二部分组成。棒球帽面料一般用弹力棉，用棉是因为棉较舒适且亲和皮肤，吸湿性强。汗带是松紧带，松紧可以适应更多人的头型，也可以是魔术贴、金属扣或者胶扣调节尺寸以适合各类人群。前页衬布用的大多是不变形的牛津布，绣花也十分的精致（图4-45～图4-47）。

图4-45　棒球帽　　　　　图4-46　棒球帽　　　　　图4-47　棒球帽

5. 钟形帽

钟形帽（英语：Clochehat）是一种钟形的女帽，1920年代至1933年流行于美国。由法国设计师卡罗琳·瑞邦（Caroline Reboux）在1908年发明。其名称来自法语单词"Cloche"，意为"钟"。20世纪早期钟形帽的知名度和影响力达到了顶峰，一些女装工作室（如简奴·朗万和莫利纽克斯开）开始制造这种帽子，其造型也与他们的服装设计相搭配。这种女帽帽顶较高，帽身的形态方中带圆，帽檐窄且自然下垂。戴用时一般紧贴头部。通常选用毡呢、毛料或较厚实的织物制成，有的还装饰一些饰物于帽边上（图4-48～图4-50）。

图4-48　钟形帽　　　　　图4-49　钟形帽　　　　　图4-50　钟形帽

6. 宽边帽

宽边帽帽檐宽大平坦、帽座底边镶有一圈彩色绸带，帽檐边缘也有类似丝缎包边装饰，大多采用尼龙或其他色彩明亮的透明或半透明织物织成。在帽子上加上装饰后可用于礼仪或婚礼场合。此种帽饰在18世纪的欧洲，作为一种遮阳兼装饰用的华丽而高贵的礼帽，曾流行过很长一段时间（图4-51～图4-53）。

图 4-51　宽边帽

图 4-52　宽边帽

图 4-53　宽边帽

7. 牛仔帽

最早的牛仔帽为适应美国中西部的气候，多以毛毡、麦秸和皮革等材料制成，可以御风挡雨，以功能性为主。时尚牛仔帽，则是取牛仔帽帅气野性的外型，多与牛仔装搭配，以装饰性为主。此帽因长期流行于美国西部，因此亦被叫做西部帽（图 4-54 ～图 4-56 ）。

图 4-54　牛仔帽

图 4-55　牛仔帽

图 4-56　牛仔帽

8. 斗笠

遮阳光和雨的帽子，有很宽的边沿，用竹篾夹油纸或竹叶棕丝等编织而成。在江南农村一带，几乎每家每户家中都有斗笠。在外出中，他们不管天晴下雨，都戴在头上，成了自己生产生活中不可缺少的必需品，具有新颖、美观、时尚、防晒、透气、隔热、防雨、耐用等多种功能。加上本帽轻盈，顶戴舒适，防风稳固，不仅是遮阳挡雨的劳动保护工具，更是时尚女性和钓鱼玩家的个性遮阳帽，还可作为舞台道具及家庭、饭店赏心悦目的挂件饰品，是很受世人欢迎的一帽多用的工艺品，是中国及东南亚部分国家农民常用的一种便帽（图 4-57 ～图 4-59 ）。

9. 针织无边帽

此种帽式为无檐帽，顶部多使用蝴蝶结、花叶等作为装饰，一般选用毛呢或针织品制作，具有柔软轻便、舒适实用的特点，戴起来小巧可爱，多为一些花季少女所喜爱，多与精巧细致的服装搭配。现也被设计成男性款，效果同样精彩，并被广大年轻男士喜爱并选择（图 4-60 ～图 4-62 ）。

图 4-57 斗笠

图 4-58 斗笠

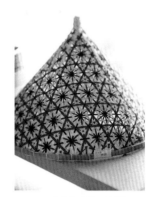

图 4-59 斗笠

图 4-60 针织无边帽

图 4-61 针织无边帽

图 4-62 针织无边帽

10. 半帽

　　半帽严格地说应该是一种发饰品，幅宽的，为一种半帽，幅窄的，即日常生活中常见的发箍，有极其高档华丽的，也有相当简洁朴素的。前者多饰有蕾丝花边，和礼服配套，高雅华贵；后者则颜色种类较多，与便装相配，轻快俏皮。现今的流行已将其进化，成为一种代替原始发型的假发，以便爱美的女孩百变造型之需（图 4-63 ～图 4-65 ）。

图 4-63 半帽

图 4-64 半帽

图 4-65 半帽

（三）帽饰的局部装饰设计

1. 缎带装饰

缎带最大的特点即柔软飘逸，色彩艳丽，造型百变华美。可以将其制作成蝴蝶结样式，固定在圆形帽、大檐帽及鸭舌帽等前侧处，让帽子显得更加有活力。凭借斑斓的色彩随意缠绕帽檐几圈，就可以打造出清新亮丽的效果（图4-66～图4-68）。

图4-66 缎带装饰

图4-67 缎带装饰

图4-68 缎带装饰

2. 纱网装饰

在中西方古代时就有用纱网罩于帽子上的方式，以打造一种朦胧神秘之美，后因社会的不断开放，女人们的装扮也愈发大胆起来，纱网的装饰逐渐开始减少。在时尚瞬息万变的今天，各大设计师开始重拾旧物，运用创新思维为纱网创作了全新的形象，作为一种高级时装装饰物以表达复古情怀（图4-69～图4-71）。

图4-69 纱网装饰

图4-70 纱网装饰

图4-71 纱网装饰

3. 花艺装饰

花艺饰品种类繁多，形式也新颖多变，美轮美奂，与帽饰不同局部相结合，更能表现出女性的风情万种（图4-72～图4-74）。

4. 羽毛装饰

羽毛与网纱相同，都是古时候中西方女性广泛使用的帽饰，现今帽饰中不多见，偶尔会用于新娘发型装饰，看起来典雅端庄、时尚又不失高雅。无形当中呈现出一种小浪漫的气息，或出现在一些设计师的高级时装发布会上，用于表达某种设计理念（图4-75～图4-77）。

图 4-72　花艺装饰

图 4-73　花艺装饰

图 4-74　花艺装饰

图 4-75　羽毛装饰

图 4-76　羽毛装饰

图 4-77　羽毛装饰

5. 珠宝装饰

珠宝是高贵和地位的象征，从古至今，设计师们巧妙构思，精心雕琢，创造出了无与伦比的精美工艺品。如今由珠宝装饰的帽子多出现在一些民族服饰当中，或可用于创意服装中独特造型的帽子上（图 4-78、图 4-79）。

图 4-78　珠宝装饰

图 4-79　珠宝装饰

（四）帽饰流行趋势

所有的配件中，帽子是最方便、最快速，而且最不需要太多技巧，就能让整体造型马上时尚起来。在整体造型中，如果帽子搭配的得宜不仅有加分的作用，还可以视为个人标记。

1. 草帽

草帽显然是按其材质分类的，可以包含多种款式。它们轻便舒适，易于维护。

米索尼（Missoni）的超人号草帽，宽度极致夸张，覆盖整个肩背部（图 4-80）。

艾莉·萨博（Elie Saab）以灿烂的春季色彩展现了大型太阳草帽。帽檐部宽而坚挺，完美地保持了形状，并且可以戴在头上、背在背上（图 4-81、图 4-82）。

图 4-80　Missoni 草帽　　　　图 4-81　Elie Saab 大草帽　　　　图 4-82　Elie Saab 大草帽

　　索尼亚·里基尔（Sonia Rykiel）成人版的星期天软草帽，别致的黑色和有趣的纹理图案，成为夏季完美舒适的帽子，特别适合那些希望融入春季，而不会过分关注那些与季节相关的鲜亮色彩的人（图 4-83、图 4-84）。

图 4-83　Sonia Rykiel 草帽　　　　　　图 4-84　Sonia Rykiel 草帽

　　杜嘉班纳（Dolce & Gabbana）的草帽的确给人留下了深刻印象，它完全覆盖了边缘。在同一 T 台上的其他人则用色彩明亮的草帽展示另一种有趣的纹理（图 4-85）。

　　罗意威（Loewe）展示了多彩的殖民地式风格草帽，以罗意威品牌为中心补丁。它华丽而有趣，甚至还有海盗风格（图 4-86）。

图4-85　Dolce & Gabbana 草帽

图4-86　Loewe 草帽

2. 平底草帽

平底草帽通常与草帽用相同的材料，并且可以在夏季每天佩戴。平底草帽风格是一种严重被低估的风格，但圣罗兰（Saint Laurent）展示出了一个闪亮的黑色硬草帽，上面裹着一条哑光黑丝带（图4-87）。

瑞安罗（Ryan Lo）也展示了这种白色的和黑白相间搭配的帽子。爱姆普里奥·阿玛尼（Emporio Armani）展示的平底草帽，带有扣环细节，赋予它们轻微复古的感觉（图4-88 ～图4-90）。

图4-87　Saint Laurent 草帽　　图4-88　Ryan Lo 草帽　　图4-89　Emporio Armani 草帽　　图4-90　Emporio Armani 草帽

3. 渔夫帽

渔夫帽功能性强且便于携带，还带着一点点可爱，彰显时尚潮流，得到许多人的青睐（图4-91）。

4. 贝雷帽

贝雷帽继续成为新季的热门趋势。乔治阿玛尼展示了一款奢华柔软的贝雷帽，上面有柔软的多色纽扣。这是一个有趣的补充，绝对是为了在春天寒冷的天气中穿着而设计的。

图 4-91　Loewe、Versace、Michael Kors 渔夫帽

爱姆普里奥·阿玛尼（Emporio Armani）将贝雷帽作为新的潮流展现出来，与极具风格和质感的服装相得益彰（图 4-92、图 4-93）。

图 4-92　Emporio Armani 贝雷帽　　图 4-93　Emporio Armani 贝雷帽

自画像（self portrait）展示了一款皮革贝雷帽，它绝对拥有旧派性感间谍的感觉（图 4-94）。

图 4-94　self portrait 贝雷帽

Akris 深紫色贝雷帽与长款紧身连衣裙搭配，妩媚又高冷（图4-95）。

克里斯汀迪奥（Christian Dior）的黑色皮质贝雷帽搭配宽大的白衬衣和斜挎包，赋予原本含蓄质朴的学院风一股傲然之气。另一款则采用鸟笼面纱，神秘而诱惑，这些面纱不仅在贝雷帽上，而且也在盖茨比风格的帽子上出现（图4-96、图4-97）!

图4-95 Akris 贝雷帽　　　　图4-96 Christian Dior 贝雷帽　　　图4-97 Christian Dior 贝雷帽

5. 有机玻璃帽子和其他有趣的材料

香奈儿以瀑布洞穴为设计灵感，使其成为展示有机玻璃帽子的完美选择。这些夏天的帽子可以与很多服装搭配，也可以保护头发，并突出头发颜色（图4-98、图4-99）。

图4-98 chanel 有机玻璃帽子　　　　　　　　图4-99 chanel 有机玻璃帽子

马丁·马吉拉（Maison Margiela）以春天的颜色展现泳帽，兼具功能性和时尚性。这是近几年春夏季帽子公认的潮流和惊喜（图4-100 ～ 图4-102）。

图 4-100　Maison Margiela 泳帽　　图 4-101　Maison Margiela 泳帽　　图 4-102　Maison Margiela 泳帽

　　古驰（Gucci）展示了几款有趣的帽子，这些帽子以某种方式引人注目。帽子上闪闪发亮的粉红色拉链只是古驰提供的一个选择，可以确保它们适用于各种流行搭配（图 4-103 ~ 图 4-105 ）。

图 4-103　Gucci 帽子　　　　　图 4-104　Gucci 帽子　　　　　图 4-105　Gucci 帽子

6. 爸爸帽和军帽

　　莲娜丽姿（Nina Ricci）的春季时装系列展示了军装美学风格，是近年最酷的潮流之一。璞琪（Emilio Pucci）展示了边缘弯曲的爸爸帽，很快成为风格的前沿，因其舒适性再次引发了时尚潮流（图 4-106 ~ 图 4-108 ）。

7. 包头巾（长头巾）

　　维罗妮卡（Veronica Beard）和马克雅可布（Marc Jacobs）展示了适合春季和夏季的不同类型的头巾。马克雅可布的真丝围巾颜色和图案各异，这些颜色和花纹被非洲、中东和非洲裔美国人风格所捆绑，其中一些风格在 20 世纪 70 年代也很流行。维罗尼卡（Veronica）胡子风格头巾是简单的改变以前的样式，顶部开放，类似于头带。范思哲也有一套蝴蝶图案丝巾，用作头巾以完成从头到脚的印花外观设计风格（图 4-109 ~ 图 4-111 ）。

图 4-106 Nina Ricci 帽子

图 4-107 Nina Ricci 帽子

图 4-108 Emilio Pucci 帽子

图 4-109 Veronica Beard 头巾

图 4-110 Marc Jacobs 头巾

图 4-111 Veronica Beard 头巾

8. 遮阳帽

遮阳帽是完美的夏季帽子，能够使眼睛免受阳光的侵害，而且显然时装设计师非常了解这一点，他们将遮阳帽列入春夏季帽子潮流列表中，在这个新季节提供了兼具运动感和奢华感的选择。我们在时装秀上看到了无数的运动时尚遮阳帽，如来自克里斯汀·迪奥（Christian Dior）的塑料版本（图 4-112）以及刘柏瑜的 Alexstorm（图 4-113）具有几乎相同的美感。艾克瑞斯（Akris）制作的优雅遮阳帽（图 4-114）则更加轻便。

最具创意的由山本耀司（Yohji Yamamoto）设计的遮阳帽登场，一半是经典的礼帽，而另一半则是遮阳帽（图 4-115、图 4-116）。

9. 雨帽

意大利 MSGM 的白色 PVC 雨帽也许是最实用的，因为它能完美地保护眼睛和头发，保证不会弄湿（图 4-117、图 4-118）。Alberta Ferretti 则推出了一款黑色的经典雨帽，以搭配任何服装（图 4-119）。

图 4-112　ChristianDior 遮阳帽

图 4-113　Alexstorm 遮阳帽

图 4-114　Akris 遮阳帽

图 4-115　Yohji Yamamoto 遮阳帽

图 4-116　Yohji Yamamoto 遮阳帽

图 4-117　MSGM 雨帽

图 4-118　MSGM 雨帽

图 4-119　Alberta Ferretti 雨帽

10. 超大帽子

从超大号包到超大号服装，一切都可能变得更大，包括帽子。这可能不是今年春天最实用性的头饰流行趋势，但它确实可以确保您在人群中脱颖而出，同时不仅可以保护头不受阳光直射，还可以保护整个身体。雅克库姆斯（Jacquemus）各种各样的草帽软帽成为 T 台的焦点。Missoni 的软帽和 Saint Laurent 的优雅黑色帽子也是超大号，可以作为参加婚礼时的最佳选择（图 4-120 ～图 4-122）。

图 4-120　Jacquemus 帽子　　　　图 4-121　Missoni 帽子　　　　图 4-122　Saint Laurent 帽子

11. 牛仔帽

牛仔靴是鞋类潮流中的佼佼者，当然也需要一顶牛仔帽与之配套。我们在 T 台上看到了很多牛仔帽，可以肯定地说牛仔帽在春季和夏季将会很流行。意大利 Elisabetta Franchi 的宽边牛仔帽散发出强烈的女性气息。范思哲的牛仔帽上也有点缀，这款帽子有范思哲象征骄傲的金色奖章。Dior 镶有装饰的牛仔帽无疑诠释了最为纯粹的牛仔风格（图 4-123 ～图 4-125）。

图 4-123　Elisabetta Franchi 牛仔帽　　　　图 4-124　Versace 牛仔帽

图 4-125　Dior 牛仔帽

📄 项目主题：闺蜜下午茶

能不约而同地穿出一致腔调不同细节的人，是最懂你的人。各种穿搭技巧，让闺蜜们同框和谐又有呼应，还能各自保留专属的个性。

项目实施建议："闺蜜"是一个新词汇，表示关系非常亲密的女性伙伴，加上"下午茶"这样的场景设定，让人一眼便能马上体会到年轻、活泼、轻松、欢乐、简单、阳光、有趣、温馨、舒适……的氛围。因此，在项目实施中可以围绕这些关键词进行主题的解析和灵感的搜集，进而展开设计活动。

📄 项目案例实施

任务1　主题解析

逃离虚拟的网络和繁杂的物质世界，在一个微醺的下午茶时间，带上三五闺蜜，重新寻找精神世界的"停顿"和"留白"，让思绪去旅行，寻求心灵深处的确幸感。追寻朴素的浪漫，活在当下，怀着对生活的感恩和珍惜，即使是生活中稍纵即逝的美好，都会是内心最大的宽容与满足（图 4-126）。

图4-126 "闺蜜下午茶"思维导图

任务2　灵感解析

　　这是一个年轻化而个性的主题。不屑与他人为伍，崇尚直白的表达方式，微、碎、独是这个时代的特征；萌，是她们简单、具有幽默感和亲和力的表达方式，也是积极主动的自我表现（图4-127）。

图4-127　"闺蜜下午茶"灵感解析

任务3　配色与图案解析

　　明亮、生动偏酸的粉色、红色及绿色，还有青绿色为主色调。咖色与蓝成为完美的底色，形成戏剧性的对比效果。没有过多或过于强烈的颜色冲击，细腻的木纹、奶油甜品、海底珊瑚，直线和曲线分割浅淡而柔和。摒弃繁复，简单的图案和色调凸显精神修行的本质意义（图 4-128）。

图 4-128　"闺蜜下午茶"配色与图案解析

任务4　材质解析

　　环保理念依然是未来季节的热点，且推动了材料循环利用技术的发展。重组材质的色调和肌理也被借用到图案表现中，形成不同样式的抽象艺术。折纸艺术、刺绣的是本系列主要运用的艺术手法（图4-129）。

图4-129　"闺蜜下午茶"材质解析

任务5 造型解析

　　根据主题和灵感，结合当前的潮流趋势，本系列帽型主要以钟形帽、宽檐帽和贝雷帽为主（图4-130）。

图4-130 "闺蜜下午茶"造型解析

"闺蜜下午茶"设计草图如图 4–131、图 4–132 所示。

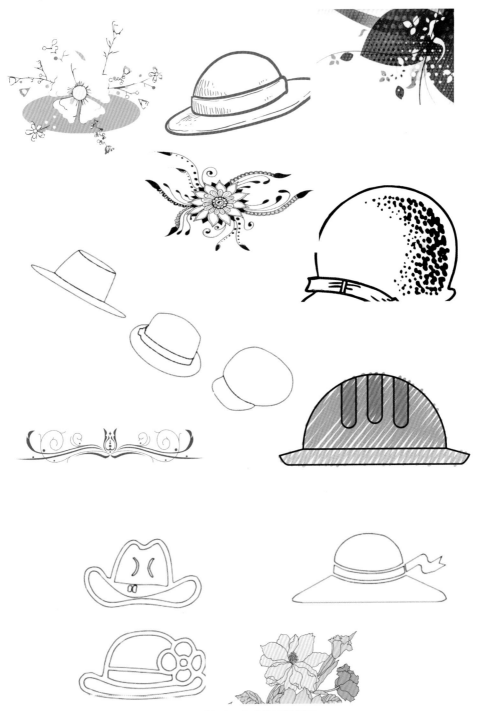

图 4–131　"闺蜜下午茶"设计草图

图 4-132 "闺蜜下午茶"设计草图

任务7　设计图稿

　　"闺蜜下午茶"设计效果图如图 4-133 所示。

图 4-133　"闺蜜下午茶"设计效果图

（四）帽饰整体搭配效果赏析

　　帽饰在不同的文化时期有不同的礼仪，这在西洋文化之中尤其重要，因为戴帽子在过去是社会身份的象征，但对于当今的嘻哈一族来讲，帽子是一种潮流的象征。很多爱美的女士都会在夏天搭配一顶遮阳帽，既能防晒又显得风情万种，而冬天的呢帽和针织帽蓬松温暖，与厚实的秋冬装搭配，和谐又时髦。生活中的帽饰还简化了打理发型的工作，一顶小小的帽子就可以把不听话的发丝打理的老老实实（图 4-134 ~ 图 4-160）。

　　6 月份，为期五天的英国皇家赛马会（Royal Ascot）在阿斯科特赛场（Ascot Racecourse）拉开帷幕，这项由安妮公主设立于 1711 年的赛事，已走过 300 多年岁月，除了令人关注的顶级赛事，观赛的女士们全部盛装出席，其中头顶上的繁复华丽帽饰，更是引人注目的焦点（图 4-161 ~ 图 4-166）。

图 4-134　Valention 2018AW

图 4-135　Valention 2018AW

图 4-136　Valention 2018AW

图 4-137　Valention 2018AW

图 4-138　Missoni 2018SS

图 4-139　Missoni 2018SS

图 4-140　Missoni 2018SS

图 4-141　Gucci 2018AW

图 4-142　Gucci 2018AW

图 4-143　Gucci 2018AW

图 4-144　Gucci 2018AW

图 4-145　Loewe 2018AW

图 4-146　Loewe 2018AW

图 4-147　Loewe 2018AW

图 4-148　Loewe 2018AW

图 4-149　Dior 2018AW

图 4-150　Dior 2018AW

图 4-151　Dior 2018AW

图 4-152　Dior 2018AW

图 4-153　D&G 2018AW

图 4-154　D&G 2018AW

图 4-155　D&G 2018AW

图 4-156　D&G 2018AW

图 4-157　D&G 2018AW

图 4-158　D&G 2018AW

图 4-159　D&G 2018AW　　　　　图 4-160　D&G 2018AW

图 4-161　英国皇家赛马会华丽帽饰　　图 4-162　英国皇家赛马会华丽帽饰　　图 4-163　英国皇家赛马会华丽帽饰

图 4-164　英国皇家赛马会华丽帽饰　　图 4-165　英国皇家赛马会华丽帽饰　　图 4-166　英国皇家赛马会华丽帽饰

原创围巾丝巾设计

一　知识链接

（一）围巾丝巾的历史与演变

早在公元前 3000 年的时候，埃及人用的缠腰布以及流苏的长裙，还有古希腊人穿的缠布服装，都离不开这块布，直至这块布最后发展为女人们薄如蝉翼的饰品，丝巾的演变可谓让人慨叹。

1. 围巾的传说

《荷马史诗》中对维纳斯的描写：她身上经常带着一条上面绣得奇奇怪怪的带子，里面包藏了她的全套魔术，有爱和情欲，以及要把一个聪明男人变成傻子的甜蜜迷魂话语。后来，天后赫拉得知维纳斯拥有这神奇的法宝，便向她借取这条"用以降伏人类和诸神的全部能力"的带子以迷惑宙斯，这条飘逸轻盈的带子就是丝巾最早的文化起源（图 5-1）。

2. 我国围巾的发展

在我国古代，兽皮毛领是服饰饰品中最奢华的东西，也是贵族的象征，孟尝君曾给秦王送过一件白狐裘，这是只有贵族才能用到的饰品。慢慢地随着物资的丰富和商品市场的形成，动物毛皮也被拿到市场上贩卖，富商和有地位的人就买来做衣饰，毛皮变成了显耀身份的奢侈品。

战国时期服制为连衣裳的深衣，交领曲裾，腰束红带，衣领、衣襟及下裾镶有较宽的缘边，有类似围巾、流苏的长方形布片的雕刻在人物雕塑中出现（图 5-2）。

图 5-1　波切利提《维纳斯的诞生》

图 5-2　战国时期彩绘俑

在秦朝军队中也广泛佩戴不同的围巾。秦始皇兵马俑中的士兵系着不同的围巾，标志着他们不同的身份以及军衔（图 5-3 ~ 图 5-6）。

图 5-3　秦始皇兵马俑中系着不同围巾的士兵

图 5-4　秦始皇兵马俑中系着不同围巾的士兵

图 5-5　秦始皇兵马俑中系着不同围巾的士兵　　　　图 5-6　秦始皇兵马俑中系着不同围巾的士兵

　　东方丝国的美誉让西方世界为之倾倒，在中国，其实丝巾的起源应追溯自更广义的"帔帛"，文献上"帔"字的最早记载始于汉末（图 5-7、图 5-8）。

图 5-7　仕女图中佩戴的帔帛　　　　　图 5-8　张大千仕女图中佩戴的帔帛

　　到了唐朝的鼎盛时期，国富民安，动物皮毛被富人们普遍消费，围巾也渐渐地走上多样化的命运。当时流行养香纺纱，被用到各类"帔子"上，女子外出时就会把它披在肩上。贵族的女子用质量更好的、更大气的"披帛"，是富贵、荣耀的象征性饰物。

　　帔帛在唐朝时曾被称为"奉圣巾"或"续寿巾"，马缟的《中华古今注》中记载：唐玄宗开元十七，曾"诏令二十七世妇及宝林、御女、良人等寻常宴、参、侍，令披画帛……宫人相传谓之奉圣巾、续圣巾……"后来，才演变成不分官庶，成为一种时兴的款式。到了唐朝中期，帔帛开始盛行。宋朝，相传宋徽宗曾在长卷中，描绘了宫廷贵族妇女治理丝帛的过程。飘逸的帔帛产生巨变是在元朝，尽管仍有肩披帔帛者，但当时许多妇女已改用云肩作为装饰。到了明代，皇后的常服通常会加饰"霞帔"，花纹繁多、颜色华丽、构图复杂。除了霞帔外，贵族妇女还保有肩帔、云肩等（图 5-9、图 5-10）。

图 5-9　唐周昉　簪花仕女图

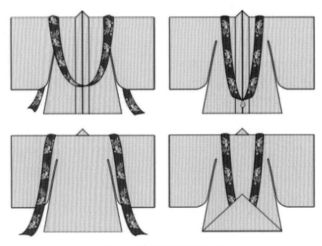

图 5-10　霞帔变化示意图

　　清兵入关后，旗装成为正统，汉族妇女的服装虽沿袭明代的小云肩，但已找不到肩披帔帛的踪影。清朝旗装中最具特色的便是旗袍，而旗装的高领通常是单独镶上的，随时可拆洗，不用领子时往往会在颈间戴上一条长领巾，因此在清朝领巾也是权势地位的表征（图 5-11 ～图 5-13）。清末的时候随着外国侵略者的到来，西方的一些文化传入到了中国，羊毛围巾就是其中之一。洋务运动的开展，让我国的学子见识到了外国的新鲜事，他们把洋装和饰物都带来回来，其中就有围巾。再加上西方纺织技术的引进，围巾逐渐在我国生产起来，成为一种新的时尚。一些学生、名媛、留过洋的海归都开始佩戴围巾。

图 5-11　旗装

图 5-12　旗装

图 5-13　旗装

而此时的领巾，与现代西方流行的领带及长巾有着相似之处，原来，在 20 世纪之前，中国的丝巾时尚已经同世界接轨。锦绣中华，衣被天下，独具中国特色的丝巾历史就这样以它自己的姿态舞动着"丝国"的万种风情。

3. 西方围巾的发展

（1）古埃及、古希腊

早在公元前 3000 年，埃及人所采用的缠腰布、有流苏的长裙，有着丝巾的痕迹（如 5-14 ～图 5-17）。公元前 800 年，古希腊作为西方历史的开元，服装（CHITON，也被后世称为楷模）最常见的款式是把羊毛织物横向对折后缝合的套头式。古希腊如流水般的缠布服装，也是丝巾最早的前身（图 5-18）。

图 5-14　内巴蒙古庙壁画中舞者的臀部有装饰带　　　　图 5-15　内巴蒙古庙壁画中舞者的臀部有装饰带

图 5-16　女王娜芙蒂蒂的头饰　　图 5-17　女王娜芙蒂蒂的头饰　　图 5-18　古希腊服饰

（2）古罗马

罗马是贵族专制的共和国，服饰作为穿着者身份的标志和象征发挥着重要作用。"丝绸之路"的开辟，使得来自遥远东方中国的精美丝绸传入了古罗马，这让古罗马的贵族爱不释手，贵族妇女们更是不惜花费昂贵的价格来达到追求时尚的目的。贵族妇女的围裹式长衣，多用丝绸制成，色彩绚丽，图纹精美，当时玫瑰花饰已广泛应用于妇女服装上，更在俏丽之余又多了几分优美、雅致。丝巾开始慢慢出现了雏形（图 5-19 ～图 5-22）。

图 5-19　提图斯的凯旋　　图 5-20　古罗马皇宫侍女雕像　　图 5-21　尼禄皇帝　　图 5-22　尼禄皇帝

（3）英国

1150 年，英格兰皇后阿基坦的埃莉诺的白色纱巾（图 5-23、图 5-24）。

图 5-23　阿基坦的埃莉诺　　　图 5-24　阿基坦的埃莉诺

1837 年，维多利亚女王登基时佩戴的围巾（图 5-25 ~ 图 5-27）。

图 5-25　维多利亚女王　　图 5-26　维多利亚时代服装　　图 5-27　维多利亚时代服装

（4）克罗地亚

1600 年，雇佣军佩戴表示等级的围巾（图 5-28 ~ 图 5-30）。

（5）法国

17 世纪末期，出现了以蕾丝和金线、银线手工刺绣而成的各种华丽的三角领巾，欧洲妇女们将其披在双臂并围绕在脖子上，在颈下或胸前打结，以花饰固定，兼具保暖与装饰的

| 图 5-28 克罗地亚雇佣军 1 | 图 5-29 克罗地亚雇佣军 2 | 图 5-30 克罗地亚雇佣军 3 |

作用。到了法国波旁王朝全盛时期，路易十四亲政之时，三角领巾被列为服饰中的重要配饰并规格化。上流社会的人士开始以领巾来点缀华服，许多王公贵族也以领巾来装饰男性风采。1700 年，人们开始围色彩丰富的围巾：表明了对不同政党的支持（图 5-31、图 5-32）。

图 5-31 路易十六的王后玛丽·安托瓦内特　　图 5-32 路易十六的王后玛丽·安托瓦内特

18 世纪末，三角领巾逐渐演变成长巾，可绕过胸前系在背后，材质开始有了薄棉或细麻之分，样子已经和现代的围巾有几分类似。两百年来，欧洲的丝巾发展几乎一直处于萌芽阶段，直至 18 世纪末，拿破仑率领一支法国军队从海上开赴埃及，希望切断当时英国通往印度的商业生命线，却意外地为法国引进了披肩，进而使披肩成为 19 世纪服饰最重要的配件。但是当时的披肩十分昂贵，只有很少人买得起。在英法战争期间，法国无法进口披肩，便开始模仿制造。从此，将近一百年间，花色繁复的披肩几乎成为衣服的一种装饰（图 5-33 ～图 5-36）。

图 5-33 摄政王时期 cravats 的复制品

图 5-34　蕾丝 cravats　　　　　图 5-35　黑色围巾、蕾丝胸衣装饰的男士　　　　　图 5-36　花花公子布鲁梅尔

　　1786 年，拿破仑给妻子的礼物是克什米尔刺绣披肩。拿破仑一世之妻约瑟芬皇后，堪称历史上拥有最多丝巾的女人。法国帝政时期正是丝巾最风行的年代，而约瑟芬个人最高的纪录是同时拥有三百款以上的丝巾，在当时价值好几百万（图 5-37）。

　　（6）德国

　　1810 年，音乐家们约会时的完美领结，领结丝巾起到了装饰以及表明身份的作用（图 5-38）。

　　（7）美国

　　1900 年，舞蹈家艾莎道拉·邓肯心爱的长围巾（图 5-39）。

图 5-37　皇后约瑟芬像　　　　图 5-38　海顿、莫扎特、贝多芬的男士装束　　　　图 5-39　艾莎道拉·邓肯

　　1937 年，爱马仕开始设计第一块丝巾（图 5-40）。

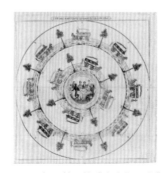

图 5-40　1937 年，第一块"女士与巴士"围巾诞生

（二）围巾丝巾的分类

1. 从材质上分

羊绒围巾：以山羊绒为原料加工制作而成的围巾，触感细腻、轻薄、保暖性好（图 5-41 ~ 图 5-43 ）。

图 5-41　羊绒围巾

图 5-42　羊绒围巾

图 5-43　羊绒围巾

羊毛围巾：以山羊毛为原料加工制作而成的围巾，保暖性好，但羊毛自身纤维长，所以感觉微扎（图 5-44 ~ 图 5-46 ）。

图 5-44　羊毛围巾

图 5-45　羊毛围巾

图 5-46　羊毛围巾

棉、麻围巾：成分是棉、麻或棉麻混纺，吸湿、透气性好，朴素自然，具有一定的装饰作用（图 5-47 ~ 图 5-49 ）。

图 5-47　棉麻围巾

图 5-48　棉麻围巾

图 5-49　棉麻围巾

真丝雪纺围巾：成分是 100% 的蚕丝纤维，手感好，有很好的装饰作用，但保暖性一般（图 5-50 ~ 图 5-52）。

图 5-50　真丝雪纺围巾　　　　图 5-51　真丝雪纺围巾　　　　图 5-52　真丝雪纺围巾

仿真丝雪纺围巾：一般成分为 100% 涤纶，轻薄、柔软，自然垂感好，但仿真丝由于是纯化纤，亲肤感没有真丝好，不易褪色，不怕暴晒（图 5-53 ~ 图 5-55）。

图 5-53　仿真丝雪纺围巾　　　　图 5-54　仿真丝雪纺围巾　　　　图 5-55　仿真丝雪纺围巾

混纺围巾：为使羊绒、羊毛在性能上取长补短，可加入丝、棉等纤维，以改善产品在生产及成品中的性能。

2. 从款式上分

正方形围巾（小方巾）：这种用真丝、桑蚕丝等纤维织成的方巾，尺寸虽小，可花色却极多。近年来，随着我国真丝印染技术的不断提高，真丝产品的色彩图案也大大丰富了。艳丽的、素雅的，应有尽有。从古典的传统纹样、具象的植物花卉纹样，一直到现代的、抽象的几何图案在市场上都可以看到。

小方巾手感平滑，质地细密，有光泽感，与各式服装均可搭配。拥有几条不同色调、不同风格的小方巾，与休闲装、职业装分别搭配，效果极佳。这种小方巾适合各年龄段的女性佩戴。其中有一些真丝方巾是单面印制的，佩戴要注意对角折叠后，尽量个要把反面露在外面。用小方巾可以打蝴蝶结、领巾结，方法多样，自由选择（图 5-56 ~ 图 5-58）。

图 5-56　真丝小方巾

图 5-57　真丝小方巾

图 5-58　真丝小方巾

长方形围巾：长巾是长矩形的，长和宽根据款式的变化各有不同，成年女性戴的围巾一般在 1 米以上，用途主要以遮风、保暖为主（图 5-59）。

长纱巾是近年出现的一种新款纱巾，是用很细的纱线织成，薄而透，悬垂感强。长方形纱巾的两边配有丝光线作穗儿，既别致又很时尚。由于纱线的吸湿性很强，设计师在图案上都采用晕染的效果，如同中国画朦胧的花朵和水墨的风景一样，很细腻、柔美。一般采用同类色进行搭配渲染，使图案和底色既和谐又统一在同一色调中。还有的纱巾上没有复杂的图案，只是一种单纯而又柔和的色彩，看上去很雅致秀丽，如水粉色、奶黄色、象牙白色、水蓝色、淡藕荷色等。它适合年龄在 20—35 岁之间的青年女性佩戴，使之更娇美、恬静、飘逸。长纱巾可以放在胸前，也可以系在颈后，随着秋风一起舞动（图 5-60 ～图 5-62）。

图 5-59　长方形围巾

图 5-60　长纱巾

图 5-61　长纱巾

图 5-62　长纱巾

三角形围巾：三角巾的形状是一个等腰三角形，尺寸较小的三角巾一般用来装饰膀颈，而尺寸较大的三角巾一般是作披肩来用，披肩是搭在两边肩膀上的，一个较大的角垂在背后，另外两个角搭在胳膊上。当下最流行的三角巾，大三角放在背后，另外两角简单系在脖子上可以当披肩；大三角向前放，另外两角绕颈系起可以做领巾；或者只是为了保暖随意围起来，造型自然、流畅、时尚（图 5-63、图 5-64）。

图 5-63　三角形围巾　　　　　　　　图 5-64　三角形围巾

围脖：围脖是围在脖子上的环形围巾，围膀是横向围着脖子两圈，保暖性很强，也具有装饰性（图 5-65 ~ 图 5-67）。

图 5-65　围脖　　　　　　　图 5-66　围脖　　　　　　　图 5-67　围脖

（三）围巾丝巾的图案与色彩

到了围巾成为女士的必需品而存在的时期，无论是女士本身还是围巾的生产商，都对围巾的品质有了更高的要求，无论从材料上，还是款式与图案上都有了新的要求。围巾的装饰性作用在当代也体现得淋漓尽致。围巾的装饰功能比金银饰品更强，因为围巾比较大，款式、色彩、图案都是比较鲜明的，合理地搭配能突显出一个人的气质、精神、品位，是服饰的点睛之笔。把丝巾系在脖子上或手腕上体现了一种优雅、个性、时尚，已经成为服饰装饰中的流行元素。现在很多职业装也有围巾，比如空姐、影院、餐厅的女性服装，加入围巾的元素，更能体现气质，也能表达服务的优质性，能给人一种清新、舒服的感觉，对工作的顺利进行是有帮助的。

围巾图案需求体现在围巾造型设计上，可谓千姿百态，花样辈出，复古风、民族风、时尚风、田园风、拼接风，四面来风，止所谓风生水起。围巾作为一种实用性和审美性相结合的产品，所承载的功能当然也就向多元化转变，有实用的御寒、防晒、防尘、防风等功能，兼有了审美、搭配、改变整体色调、烘托气质、托载文化底蕴等多重功能，而这些后加入的功能，虽然也来自面料和款式，而更多的是来自图案与色彩。因此围巾的图案便成为了围巾制造业的主要创新项目。

随着时代的发展，社会的进步，各民族文化不断冲击、碰撞和融合，使得围巾从原来的单一表象图案，演变出了多元素、多文化、对意向的融合与拓展。而且围巾的图案也会因围巾的款式与面料的不同而千变万化，也会根据色彩的搭配和设计，运用多种手段和多重艺术结合，让围巾的世界骤然包容了人类世界的万事万物，不断装点和美化着人们的生活，丰富着人类的梦想。

1. 围巾（丝巾）图案的造型

（1）具象图案

具象图案是指有具体形象的图案，是用具体的造型准确地对所要表述的物象进行描摹的图案。具象图案是人们对生活的创意体现，把看到的东西形象地描绘出来。具象图案由动物、植物、人物、风景、器具等元素构成，比较简单，是围巾上常用的修饰图案。随着印染技术的提高，围巾上的具象图案也和服装设计一样富于创意，呈现出多种风格，让人眼花缭乱（图5-68、图5-69）。

（2）抽象图案

与具象图案相比较而言，抽象图案更重视的是神似，是传神的图案，需要经过思考才能够得到图案所要表达的诉求。抽象图案依设计师的设计风格而呈现出不同的个性，也是围巾常用的点缀图案，主要有条纹图案和几何图案（图5-70 ~ 图5-72）。

图5-68　具象图案

图5-69　具象图案

图5-70　抽象图案

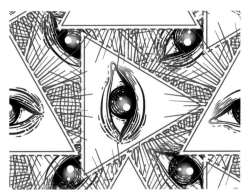
图5-71　抽象图案

图5-72　抽象图案

（3）传统图案

传统图案，就是在某一文化领域，从历史上相传下来的图案。我国的传统图案，主要是以传统文化中的吉祥图案为主，代表着我国的传统文化里人们对美好生活的向往与期盼。这些吉祥图案结合现代化的手段与时尚的元素，能够创作出具有民族风的时尚现代化图案。中国的传统图案，再加以中国传统工艺手绘、刺绣、贴布、编织等，使得女士围巾更具东方魅力，而在西方国家一度走俏，并呈现出不断上升的趋势。中国的传统吉祥图案，涉及生活里的方方面面，包括动物、植物、人物、自然景观、山水、汉字、绘画等（图5-73～图5-75）。

图5-73　中国传统图案

图5-74　中国传统图案

西方的传统图案主要有以下几种。

佩兹利图案：被我国叫做"火腿图案"，这种图案起源于克什米尔，是当地人通过提花或色织的方式嵌在纺织物上的图案，还有的用在当地人的披肩上。佩兹利图案色彩比较深暗，是通过针织或刺绣的方法把图案镶嵌到织物里的，做起来比较复杂，现在工艺的发展已经能够很容易就将图案放到围巾上，使围巾的造型更加丰富。佩兹利图形具有细小的底纹，因而图案比较有厚重感，也有着民族个性（图5-76～图5-78）。

图5-75 中国传统图案

图5-76 佩兹利图案

图5-77 佩兹利图案

图5-78 佩兹利图案

费尔岛图案：起源于英国的一个小岛，由于岛上气候寒冷，家庭妇女们就给家人织毛衣，由于岛上织毛衣的材料有限，颜色简单，所以织出来的图案非常朴素，费尔岛图案正体现了岛民们淳朴的心。独特的费尔岛风情就承载在毛衣上传播开了。费尔岛图案的组成元素主要有：自然、生活、宗教，这些素材都比较真实，给人一种现实、无华却深刻的感觉。自然素材有山石、海浪、花卉、树木、雪花，生活素材有：渔网、缆绳、猫，宗教素材主要有：十字架、圣教徒，这些主题也是用几何线条简单地构造起来的（图5-79、图5-80）。

图5-79 费尔岛图案

图5-80 费尔岛图案

（4）流行图案

流行图案是短时间内广为流传的图案，符合当代人开放、复杂的时尚追求和审美个性。图案的内容、结构、艺术手法、审美特点，与每个时期的文化特征及生产工艺有关。流行过的图案有：迷彩、动物纹路、光学、网络文字等，流行图案的时效性很强，是时尚的体现形式（图5-81、图5-82）。

<table>
<tr><td>图 5-81　流行图案</td><td>图 5-82　流行图案</td></tr>
</table>

2. 围巾（丝巾）图案的格式

（1）单独纹样格式

单独纹样是指没有外轮廓及骨骼限制，可单独处理、自由运用的一种装饰纹样。这种纹样的组织与周围其他纹样无直接联系，但要注意外形完整、结构严谨，避免松散零乱。单独纹样可以单独用作装饰，也可用作适合纹样和连续纹样的单位纹样。作为图案的最基本形式，单独纹样从布局上分为对称式和均衡式两种形式。

对称式：又称均齐式。它的特点是以假设的中心轴或中心点为依据，使纹样左右、上下对翻或四周等翻。图案结构严谨丰满、工整规则。再细分又可分为绝对对称和相对对称两种组织形式（图 5-83）。

均衡式：又称平衡式。它的特点是不受对称轴或对称点的限制，结构较自由，但要注意保持画面重心的平稳。这种图案主题突出、穿插自如、形象舒展优美、风格灵活多变、运动感强。均衡式又分涡形式、S 形式、相对式、相背式、交叉式、折线式、重叠式、综合式（图 5-84 ~图 5-87）。

图 5-83　对称式

图 5-84　均衡式

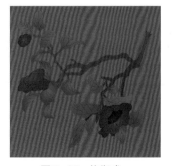

图 5-85　均衡式

图 5-86　均衡式

图 5-87　均衡式

（2）角隅纹样格式

角隅纹样也是适合纹样的一种。它因常用作角的装饰，所以也叫"角花"。角隅纹样装饰的部位，分一角、对角、四角。对角运用时，纹样可相同或不同，也可一大一小。四角装饰时，可两大两小，也可与边花配合使用（图5-88～图5-90）。

图5-88　角隅纹样　　　　　　　图5-89　角隅纹样　　　　　　　图5-90　角隅纹样

（3）适合纹样格式

适合纹样是具有一定外形限制的纹样，图案素材经过加工变化，组织在一定的轮廓线以内。丝巾图案的适合纹样构成对称、垂直、填充等的主要形式。对称的图案，上下或左右是严格对称的，拥有格式化的规则。适于正方形和三角形图案，主要应用于方巾图案设计中。爱马仕丝巾出品名为"罗盘玫瑰"的格局是由中心向外辐射的适合纹样（图5-91～图5-94）。

图5-91　适合纹样　　　　图5-92　适合纹样　　　　图5-93　适合纹样　　　　图5-94　适合纹样

（4）二方连续纹样格式

是两个或多个连续的正方形图案，也被称为花边或色带图案。是由构成一个单元的基本形状构成的一个或多个组合，重复连续地垂直或水平地形成。二方连续被广泛使用于长方形丝巾款式方面的设计，很多基本的方巾款式对此种图案类型都有涉及，可以体现出大方和稳重的设计感（图5-95～图5-97）。

图5-95　二方连续纹样

图 5-96　二方连续纹样　　　　　　　　　　　　图 5-97　二方连续纹样

（5）四方连续纹样格式

四方连续图案指的是由一个或一组单元格排列在一起，在同一空间里反复向上和向下，构成无限延伸的图案格式。四方连续图案布置在预定尺寸范围内，一般在图案之间没有直接连接，为分散的一个或多个图案。一般多采用分散类型，主要是几何图案、网状图案。在围巾设计风格中，四方连续图案在方巾图案设计中应用最广泛。四方连续图案类的围巾设计大致上分为两类，一类是边框样式的，大致分为几何图案、波尔卡圆点和花舟图案。另一种是连续的，构成它的设计样式是没有任何边框的四方图案，而这种格式也只是出现在最近几年，尽管它缺乏传统的围巾角隅图案类的设计特点，但其优点是容易与服饰搭配（图 5-98 ~ 图 5-100 ）。

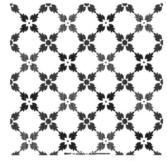

图 5-98　四方连续纹样　　　　　图 5-99　四方连续纹样　　　　　图 5-100　四方连续纹样

3. 围巾图案的色彩设计

（1）图案的配色

在围巾的设计要素中，色彩往往占据着最为重要的地位。色彩的差别性直接或间接地决定着围巾的品质与质量，进而影响消费者的喜爱程度，只有图案与色彩完美结合，才能够使得围巾成为艺术品。

（2）年龄与图案色彩

少女阶段，喜好纯净、梦幻、美好的色彩，如粉红色、淡紫色、白色、鹅黄色等。在服装和饰品的选择中也多为这一色系。图案有如梦如幻的蝴蝶、争奇斗艳的花朵、清新的初春时光、七彩的霓虹等，能够彰显青春活力与激情的明快动感，充满生命活力的图案（图 5-101、图 5-102 ）。

图5-101 少女围巾　　　　　　　　　　图5-102 少女围巾

　　轻熟女性，主要指的是在职场中拼搏努力的女性们，这一阶段女性围巾的设计中，色彩的选择上应该回避艳丽另类的颜色而着重淡雅沉静的，例如浅蓝色、浅橘色、浅绿色、米色、白色等浅淡的色彩。这样的色系更加适合简单优雅的图案装饰和轻柔质地的材质，这样的围巾能够更加突出这一年龄段女性成熟柔美的特质（图5-103 ~ 图5-105）。

图5-103 轻熟女性围巾　　　图5-104 轻熟女性围巾　　　图5-105 轻熟女性围巾

　　成熟女性，颜色的选择上应以灰色、黑色、咖啡色、米白色、驼色等一些色彩纯度较低的颜色为主，从而凸显这一年龄段女性的高雅、内涵、稳重成熟的特质。这些颜色在与图案的配合中更加适合简单大方的设计（图5-106 ~ 图5-108）。

图5-106 成熟女性围巾　　　图5-107 成熟女性围巾　　　图5-108 成熟女性围巾

（3）季节与图案色彩

　　随着季节的变化，围巾色彩也会有不同的变化，有不同的图案与色彩。季节气候特征决定了围巾的功能、款式和面料，同时也赋予了围巾图案设计的色彩风貌。

春季，围巾图案色彩通常采用粉红、浅蓝、鹅黄、嫩绿等高明度的色调，搭配艳丽的花朵、嫩绿的树木、灵动的蝴蝶，翩飞的小鸟等图案，也有表现人物的图案（图 5-109 ~ 图 5-111）。

图 5-109　春季围巾色彩　　　　图 5-110　春季围巾色彩　　　　图 5-111　春季围巾色彩

夏季，对围巾的图案与色彩的追求也是以凉爽、葱郁的色彩为主题。比如海洋蓝、丰富的森林绿已成为这一季的传统颜色，夏天围巾大多是以冷色调，如薄荷绿、蓝为主打色，这种类型的颜色匹配以合适的季节图案，如椰子树、海洋、鱼、几何图案等（图 5-112 ~ 图 5-114）。

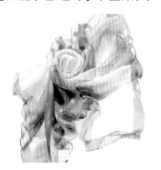  

图 5-112　夏季围巾色彩　　　　图 5-113　夏季围巾色彩　　　　图 5-114　夏季围巾色彩

秋季常用高对比度色彩，这已经成为一种常见的设计模式，这种模式的颜色往往使用沙滩、阳光、水果等图案（图 5-115 ~ 图 5-117）。

图 5-115　秋季围巾色彩　　　　图 5-116　秋季围巾色彩　　　　图 5-117　秋季围巾色彩

秋冬季节的围巾图案，也多以凝重洗练的图案为主，如庄重的中国传统吉祥图案、几何图形、豹纹、文字字母图案、成熟的果实、色彩与图案深沉的绘画等（图 5-118 ~ 图 5-120）。

（4）地域与图案色彩

国家、地区，由于地理环境的种族差异，生活方式、宗教、语言、习俗和审美模式的

图5-118 冬季围巾色彩

图5-119 冬季围巾色彩

图5-120 冬季围巾色彩

多样，产生出不同的对颜色的理解、偏好和使用，并逐步形成了各自地域文化特色。在亚洲国家，日本认为黑色表现悲哀，红色为节日的色彩，并多用于庆祝成人礼和长者的生日，所以他们喜爱的颜色有红、橙、黄等颜色，对黑色和白色等色彩的使用非常谨慎。马来西亚人认为绿色具有宗教意义，伊斯兰教也最喜爱绿色，他们忌用黄色，因为黄色代表死亡。马来西亚人一般不穿黄色的衣服。欧洲意大利人不喜欢黑色和紫色，美洲墨西哥人也不喜欢紫色。大多数国家和地区有禁忌的颜色，这也使得丝巾图案的配色拥有独特的地域特色。同时地域文化也影响了围巾的色彩与图案的主题，只有做到地域与文化结合，才能够设计出适合该地区的围巾色彩与图案来。

（5）流行色与图案色彩

围巾作为服装配饰，在设计之前，设计师应根据最新公布的年度流行趋势来研发产品。随着社会经济、文化和科学技术的飞速发展，人们的物质需求和精神需求大幅度提高，国际时尚审美心理得到了进一步的提升。这个庞大的消费市场对围巾设计的配色也会产生重要的影响。只有更好地结合流行色的围巾设计，才能得到消费者的青睐（图5-121、图5-122）。

图5-121 Billy Reid 2018秋冬围巾

图5-122 Ashish 2018秋冬围巾

（6）服装色彩与图案色彩

在服装和围巾的色彩搭配选择上，要考虑到匹配度，它们组合的和谐程度直接关系到服装造型的整体风格。要根据服装色彩选择能够与其相搭配的围巾颜色和图案，还要充分考虑相关因素，如年龄、个性、文化、气质、兴趣等，也要考虑其在政治倾向、社会地位、经济收入和文化水平等方面的特点，以反映合理的穿着需求（图5-123、图5-124）。

图5-123　Phillp Lim 2018 秋冬围巾　　　图5-124　Fend 2018 秋冬围巾

（四）围巾丝巾品牌

1. 爱马仕（Hermes）

（1）爱马仕（Hermes）品牌发展历程

爱马仕（Hermes）是世界著名时装及奢侈品品牌之一，也是世界上最优秀的纺织品印染品牌。该品牌1837年由Thierry Hermes创立，早年以制作马具起家。今天的爱马仕已经成为世界上最著名的品牌之一，它精致的产品和完美的质量以及无可挑剔的服务和深厚的品牌文化底蕴，赢得了无数人的喜爱。最开始，爱马仕仅仅是一个鞍具商，生产骑士专用的马鞍。17世纪，欧洲的骑士阶层逐渐开始消退，爱马仕的马鞍销售也一度受到严重影响。然而爱马仕独具慧眼，发现贵族妇女开始拎着花哨的手提包出入于各个场合，手提包款式各异，成为了当时最时髦的东西。1892年，爱马仕开始生产女性手袋，变成了皮具商。爱马仕所有的产品都是至精至美，无可挑剔。时至今日，爱马仕已将品牌延伸至各个领域，包括皮具、丝巾、领带、箱包、男女时装、香水、腕表、鞋类、配饰、马具用品、家居生活系列、餐具及珠宝首饰等。大多数产品都是手工精心制作。因此，爱马仕的产品被奉为有思想、高品位、内涵丰富的艺术奢侈品。

Hermes的丝巾一直是时尚圈最In的单品，拥有一条Hermes丝巾是每个女孩的梦想，Hermes从1837年第一条丝巾"女士与巴士"的问世到如今　系列的新品，已走过100多年的风雨历程。Hermes丝巾的制作，汇集了无数精美绝伦的工艺，它们全都以里昂区为基地，从设计到制作完成，必须经过严谨的工序：主题概念至图案定稿→图案刻划→颜色分析及造网→颜色组合→印刷着色→润饰加工→人手收边→品质检查与包装。它以丝网方法印刷，每一种颜色就需要一个不同网点的钢架，一条丝巾最多可用到 40 种颜色，一定要绝对精确，才能呈现出完美无瑕、层次分明的效果。就这样，每一条丝巾通过层层关卡，需费时 18 个月才得以诞生。一丝不苟的线条、古典优雅的图案是 Hermes 丝巾的一贯风格，一条 Hermes 生产的丝巾，如同一件值得收藏的艺术品，独一无二，魅力四射（图 5–125）。

图 5-125　1937 年，第一块 "女士与巴士" 围巾诞生

（2）爱马仕（Hermes）图案概述

爱马仕的图案风靡全球，在时尚品和奢侈品的消费王国里，始终屹立不倒。爱马仕的丝巾之所以受到全世界消费者的追捧，不仅仅是因为优良精湛的制作工艺，而是因为爱马仕图案设计的理念与从无到有的创作过程。当消费者真正了解了这些，每个人都会认可它的艺术价值与品位，并为拥有这样一件服饰产品而感到自豪。

比起大多数服饰品牌的图案设计，爱马仕的图案有着自己独有的品牌风格。爱马仕的设计师擅长用图案讲述故事，每一件爱马仕图案都有特定的故事与文化背景。爱马仕丝巾的图案，每款图案都在讲述一个有独特的故事，或是一处风景，或是一段传奇。全世界各个民族和地域的一切文化，都可以经由爱马仕的设计师创意加工后成为服饰图案。当这样一幅图案赋予一件服饰产品之后，这件服饰品所拥有的价值就远远高于其本身使用价值，这就是爱马仕的服饰品受到消费者追捧的原因。经过观察不难发现，爱马仕服饰图案总是围绕着一个主题，讲述着一个故事。这个主题并不是单一的某几个元素，而是有着不同民族、不同地域、不同文化特色的线索。由此可见，爱马仕图案设计师在设计产品之前，首先必须确定设计师或者艺术界想通过图案叙说一个怎样的故事，这个故事发生在哪里，与众不同的特色在哪里，或者具有怎样的历史传说等。故事主题的设定是爱马仕独一无二的设计理念，这改变了服饰产品仅仅作为物质使用的单一用途，开创了服饰产品作为艺术品的先河。爱马仕图案设计所讲述的故事，主要内容都围绕人文历史、地域特色、传说故事、品牌故事、动物与植物等。爱马仕图案中所描绘的内容纷繁复杂，但是却显得有条不紊，多而不乱。

爱马仕创意图案创作，既可以被视为一种商品生产过程，也是一种艺术生产过程。与其他艺术作品一样，爱马仕创意图案也同时具备形式与内容的辩证统一关系。只有内容而没有形式的图案会显得俗气不雅观，为了形式而忽视内容的图案则显得没有底蕴。例如，许多传统图案注重内容却忽视了符合现代审美眼光的形式；许多时尚图案只求花哨却经不起文化的推敲。爱马仕创意图案则需内外兼修，才能达到形式与内容的和谐统一。

（3）爱马仕（Hermes）作品概述

这幅名为 "格陵兰岛" 的作品，讲述的是一个古老的故事，故事发生在格陵兰岛上，这里的居民在冰雪覆盖的环境中生活，他们勤劳辛苦的捕鱼，在美丽却严酷的自然环境中，与动物们和谐相处，团结一心。这样一幅美丽的画面通过服饰图案描绘了出来。在画面中，第一级别内容包括了上部男孩与身后的两艘渔船、中部划船的男孩、下部雪橇犬拉雪橇的画面（图 5–126）。

这是一幅名为 "宫廷马具" 的图案，讲述了一个关于宫廷马具的故事。在画面中，马儿似乎脱缰而去，留下的是精致的马具，马鬃丝带一起编织，配上了天鹅绒带子，带子有流苏和宫廷刺绣，玫瑰徽章的眼罩闪闪放光，手工缝纫的皮质马鞍有序排列。这个故事似乎在向人们诉说着无论时光怎么流逝，即使马儿已经不再，爱马仕打造的马具都依旧崭新，意味着爱马仕的永恒（图 5-127 ）。

这是一款名为"利兰加"的图案，是一款根据非洲艺术家乔治·利兰加的油画改编而成的作品。利兰加是莫桑比克马孔德族人。马孔德的艺术充满了幽默感，好像漫画一般。这种形式的艺术表现了马孔德人的审美价值和文化背景（图 5-128 ）。

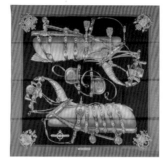

图 5-126　格陵兰岛　　　　　图 5-127　宫廷马具　　　　　图 5-128　利兰加

这款名为"玫瑰"的作品，利用了粉色作为主题色，将整个画面的色调控制为粉色调。粉色是年轻女性最喜爱的颜色之一，这款图案的色调带给人们一种浪漫、温柔、甜蜜的少女情怀（图 5-129 ）。

在巴黎大王宫举办的现代艺术展"艺术－巴黎"上，一家画廊展出了来自澳大利亚土著的一些画作。品牌与其中一名女画家的会面最终令爱马仕决定请她设计一款方形丝巾。这位艺术家为本款丝巾专门创作了图案，并用她自己的名字为其命名为"Gloria 之梦"。要知道这些看上去很抽象很偶然的泼颜料似的画作，其实是非常具体的内容，其中充满了含义和象征。在土著人中，艺术家享有类似神职人士或巫师一样的特殊地位，他们是被授予宗教奥义之人，既不可随意作画，也不得揭秘他们的艺术技巧。他们的每一幅画作都要根据教义与某一时期吻合，然后才可以按各人性格进行艺术表现（图 5-130 ）。

人类最早的航天探索者冒着失去自己生命的危险，资助他们的赞助人和观众也是花费巨资于一次梦想之旅。1783 年 11 月 21 日，埃蒂安·德·蒙哥费耶的飞艇在巴黎上空飞起了25 分钟。然而，本款丝巾上的热气球并不都曾享有这份上天的光荣。它们当中有很多都只停留在图纸阶段，至今仍作为资料，无声无息地留在地面，保存在巴黎荣军院内（图 5-131 ）。

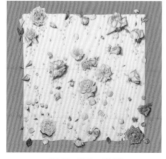
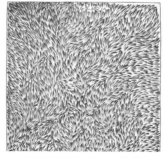

图 5-129　玫瑰　　　　　　图 5-130　Gloria 之梦　　　　　图 5-131　翱翔天际之梦

"H 之旅"方形丝巾向爱马仕所熟悉和珍爱的一个世界致敬，这个世界便是旅行，是令所有皮具和箱包具有存在价值的世界。中央的图案是用爱马仕馆藏的真品箱包像堆积木一样拼出一个大写的 H 字母。箱子、提包、手袋，每一件都是在爱马仕的工作室里完成的，代表不同的时期，由于皮质、工艺和设计上的独特之处而被收为馆藏品。在这些既往作品中不难找到许多与当代箱包完全一样的细节。本款丝巾的背景是爱马仕为其帆布旅行包所绘的第一张设计图，饰有 H 字母的苏格兰花呢，图案经过处理，使其更具立体感，并制造出更有活力的光影效果（图 5-132）。

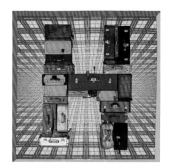

图 5-132　H 之旅

从古至今，羽毛在巴西印第安人的历史、礼仪风俗和节庆典礼中都扮演着重要的角色，华丽的盛装，多彩的焰火，连首饰、发型和乐器也都使用羽毛作装饰（图 5-133）。

"挚爱印度"方形丝巾就像一幅巨大的插图，向那些在民居土墙上作画的印度艺术家表达敬意。这些传统的壁画艺术以一种天真的笔触，描述着日常生活的场景或是众神的传说。本款丝巾也表现了印度重大节日时在大象身上描绘装饰图案的传统（图 5-134）。

设计师用全新的色调对这款 1970 年首次推出的方形丝巾进行新版演绎，70 厘米的尺寸，采用复古真丝，柔软、光滑，闪着铜绿色的光泽。图案集中了 19 世纪数款马车的前面和侧面图，好像是儿童玩的积木，可以拆开组合。极简的图形和色调使画面有一种抽象画的意味（图 5-135）。

图 5-133　巴西

图 5-134　挚爱印度

图 5-135　LES COUPÉS

"每日的祭献"方形丝巾以空中俯瞰的视角展现喀拉拉女子为欧南节每天所做的花饰。女子们用花瓣组成同心圆形图案，其中有众神、神圣的象征、动物……每天，人们扫去旧花饰，再用新鲜花瓣重新创作一个这样的图案，而且每天都要增加一种颜色，直到第十天的最高潮期。本款丝巾的部分销售收入将献给印度一个帮助儿童接受教育和上学的非政府组织。爱马仕品牌一贯支持各种人道主义运动和事业，主要是通过认购方形丝巾的方式实现。今后爱马仕专卖店每一季都会推出一款与慈善事业有关的新丝巾，方便顾客也能为这类援助做一分贡献（图 5-136）。

"福宝快车"方形丝巾如同我们从飞驰的火车车窗中截取

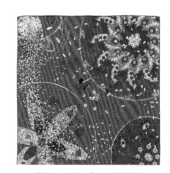

图 5-136　每日的祭献

的一幅风景画，图案游离于真实和抽象之间。画面以极细的笔画描绘，立刻带出强烈的速度感。真实的风景在画面里经过变形，需待每个观画者运用自己的想象来建。这种模糊迷茫的视觉感令观者忘情于风景间。飞驶的列车令窗外的风景变得边缘模糊，仿佛用橡皮皱擦过。车上的乘客在车轮规律的晃动节奏中微微摇荡（图5-137）。

"锦衣之旅"方形丝巾的图案由悬挂在长杆上的无数锦衣华裳组成。这些锦衣虽来自世界不同国家，放在一起却很搭配，既互有差别，又彼此相似。这样的和谐是因为我们从世界各地汇集了同样的面料如丝、麻、棉等，彼此接近的纺织技术如蜡染、扎染、靛青染色、刺绣、印花等，以及类似的花纹图案甚至服装剪裁式样。例如南美洲的几何形装饰图案就和俾格米猎手缠腰布上的纹样十分相似。大衣、长袍、长衫、华饰，这些盛装华服体现了人间男女追求扮美自己的共同愿望。服饰的艺术是永恒而无处不在的，它充满象征含义，与传统、习俗和宗教密不可分。服装和面料图案的挑选涉及一种恰当的表现语汇，在宗教节日、婚礼或民族节庆等场合反映出穿着者的社会地位。这些锦衣华裳已超越时间和时尚，永不会过时失色（图5-138）。

"皮耶·罗迪之漂泊的灵魂"方形丝巾以印象派的手法，描绘了一名男子对各种制服、笔挺衣着和异国情调装饰的无尽渴求。人的旅行不仅会产生众多文字作品，同时也产生许多图片和照片。大量的图片构成了这幅丝巾的主要素材，它们如同拼图一样反映出多姿多彩的生活的不同侧面，有年轻的军官、骄傲的骆驼骑兵、海军军官、风流的土耳其人、衣着怪诞的东方学研究者……

本款丝巾如同一本旅行笔记，里面描绘了主人公游历之地，有伊斯坦布尔清真寺的尖塔、埃及的狮身人面像、东方国家的大巴扎集市、照片贴册、一些小物件以及众多他本人的照片。出于对中东风情的迷恋，他会在他位于Rochefort的家中举办化装舞会，家中会设置一间阿拉伯式房间、一间土耳其式房间等（图5-139）。

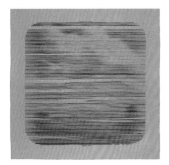  

图5-137　福宝快车　　　　　图5-138　锦衣之旅　　　　图5-139　皮耶·罗迪之漂泊的灵魂

"风之子民"方形丝巾如同一幅印度挂毯，既点出吉普赛的源头，又将其文化上的象征含义都聚合在一幅画面中。正中央是生命之树，四角为跳舞的茨冈人。生命树的树枝上，可看到有表演平衡技巧的杂技演员、乐手、大篷车，和一些动物如马、熊、猴等。丝巾的下部描绘了黑贞女萨拉的故事，暴风雨中，她的小船由玫瑰色的火焰拉向卡马格海滩。吉普赛人的标志——大篷车的轮子，象征命运——在本款丝巾中非常醒目。

1971年，全球波希米亚人联合起来，请求联合国将他们看作一个统一的民族，称为罗马族。他们的旗帜一半是代表天空的蓝色，一半是代表草原的绿色，中央则是一枚轮子，如同印度的 chakra 轮（图 5-140）。

　　"我的墨西哥小马"方形丝巾以几乎和原件同大的尺寸展现了埃米尔·爱马仕博物馆的一件藏品。此马的大小与一匹小马驹类似，作品十分逼真，其鬃毛以真正马鬃制成，尤其是配上了全套鞍具辔头，像一匹真正的中世纪战马：笼头和缰绳、精心装饰的鞍垫、压纹染色真皮马鞍、墨西哥式的马镫，都与真品一般无异，只是尺寸有所缩小。

　　它的独特之处在于马鞍的前鞍处有一彩色石印的小女孩肖像，她可能就是这匹小马的主人，她的父亲，一位墨西哥商人，将这匹可爱的小马当作礼物送给了她。在一只马蹄上有一块铜牌，刻着一个名字"玛黛斯"。这是女孩的名字，还是她这匹玩伴的名字？这匹小马，到底是一款娇贵的儿童玩物，还是一件旨在以其精美鞍辔展示马鞍制作者高超手艺的橱窗藏品？爱马仕博物馆的收藏家们费尽周折，仍未能找出答案。历史执意不肯揭开谜团，只任凭我们尽情设想（图 5-141）。

　　"漫步在塞尚的国度"方形丝巾里可找到许多塞尚作品中的常见元素，普罗旺斯乡间的风景、陡峭的悬崖、高耸挺拔的松柏等。仿佛我们跟随他的脚步，徜徉在料峭的岩石间，灿烂的阳光下，空气中飘来百里香、熏衣草和迷迭香的芬芳。

　　本款丝巾如同一幅画框，框中是不同绘画作品的组合。正中央是一棵高大的阿勒颇松树，这种名为圣维多利亚的松树是塞尚作品中最常出现的对象，他曾不知疲倦地反复描绘（他曾画过六十多幅油画和水彩表现这种松树）。在他生命的晚年，这种松树成为他作品描绘最多的对象。右侧是毕贝姆斯采石场的画面，可看到艾克斯地区特色鲜明的黄色岩石。左侧画面是一所孤零零的小屋，旁有一株柏树，普罗旺斯地区的农民常用柏树作为日晷来判断时辰。丝巾下部画面是塞尚让人在艾克斯地区的山崖上为他修建的洛弗画室。丝巾四边饰以橄榄树枝，这也是塞尚最喜欢的树种之一，是他无尽的创作源泉。

　　"漫步在塞尚的国度"方形丝巾体现了女设计师个人如何看待和理解塞尚最热爱的地区、对他创作最有启发的植物和建筑元素（图 5-142）。

图 5-140　风民之子　　　　　　图 5-141　我的墨西哥小马　　　　　图 5-142　漫步在塞尚的国度

　　"全速前进"方形丝巾的设计是为了纪念跨越大西洋航行的伟大时代，向那些长途航行的巨轮传奇致敬，这些巨轮如同海上漂浮的城市，全部的设计都只为令乘客娱乐。本款丝巾是游轮"玛丽女王二号"的特别定制款，并将在该船上出售。

　　画面上仿佛从一支单筒望远镜中望出去的景象，中央圆圈里是一个透视点，画面中船舱走廊里有一些出发远航的乘客正在抛出庆祝船舶离港的彩带。这些五颜六色的彩给整条丝巾带来一股欢乐的气氛。而远景的视点又仿佛是在地面的码头，目送着巨大的游轮滑出船坞，缓缓消失在地平线的尽头。丝巾画面风格鲜明的笔法和均匀的色调令人想起20世纪30年代著名画家卡桑德拉的画风，而他也正因其关于旅行、海上航行、火车出游等主题的绘画作品闻名于世（图5–143）。

图5–143　全速前进

2. 上海故事

（1）上海故事（shanghai story）品牌发展历程

"上海故事"（shanghai story）2003诞生于文化经典的上海石库门石门一路，这条历史积淀的街道已见证过无数品牌的起源与兴衰。"上海故事"目前在上海和外省市开设多家实体店，受到海内外消费者的欢迎。

"上海故事"是一个海派、摩登、经典的充满文化生活韵味的品牌。源自对经典的积淀与时尚的理解，以围巾为载体，表达上海20世纪30年代摩登与时尚的文化，给人以勃勃生机的阳光情怀和自然的生活情调。"上海故事"的产品研发致力于对美学的良好解读和对生活品质的不懈追求，致力于为都市精英提供国际时尚产品，传播都市文化。例如"上海之恋""浪漫巴黎""中国水墨"等主题产品一经推出便一炮而红。这让独一无二的"上海故事"风格迅速独领同行业风骚，成为当代时尚白领以及都市丽人凸显品位与气质，提升生活品质的不二选择。"上海故事"将真正的美丽蕴藏于点滴细节当中，彰显时尚优雅的都市女性气质，深得名媛佳丽乃至上流社会的追捧。上海故事围巾散发出的高贵海派气息，成为都市人关注的焦点。

"上海故事"带给都市人的是：现代与怀旧共生，开放与内敛同修；时尚与经典并行，东方与西方交融；是从精神到物质，从功能到审美的和谐，既是都市人的生活方式，也是"上海故事"的全部。

（2）"上海故事"（shanghai story）作品概述

陈家泠先生继承海派变革与发展的传统，自成一家，他将中国古代壁画、西方水彩、印象派、抽象派以及表现主义美术的特点，糅合起来，成为一种现代国画新流派。他画的荷花的茎枝有墨点疏漏之态，一笔落成，十分透气，这种"如锥画沙"的线条，是对传统的灵活运用；他对淡墨的使用开拓了传统用墨的方法。荷即合的寓意。水墨晕染出梦幻的色彩，荷的意境采用轻盈的线条勾勒出来，画感超美（图5–144）。

本幅传达画家画荷的一种精神力，全身心的投入就是聚集能量、产生灵聚的一种境界；静逸和抒情的两种结合表现，富有东方意韵的新艺术（图5–145）。

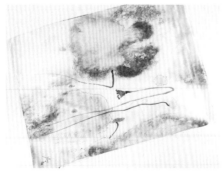

图5–144　奇幻泠变·荷合　真丝披肩

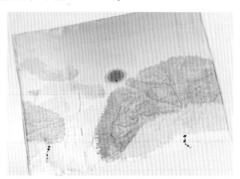

图5–145　奇幻泠变·荷之镜心　真丝披肩

作品展示的是中国画的新生形态，代表着这个时代的新水墨精神开始升腾，表现一种鲜活的生命气象（图5-146）。

陈家泠先生的山水画，有激情奔放之势，将山体分解成几何块状，既夸张又简约，把自然山水的大气和灵性表达得淋漓尽致。他表现的是祖国朝气蓬勃的万千气象，把山川的郁郁葱葱融化在历史的厚重和时代的空间里。同时也代表未来的美好生活奔腾而来（图5-147）。

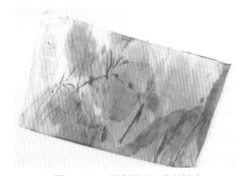

图5-146　别有洞天　真丝披肩

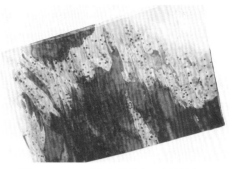

图5-147　不尽长江滚滚来　真丝披肩

杨璐：20世纪70年代生长在上海。1995年赴新加坡成为职业画家，作品多次在新加坡、马来西亚及日本等国进行个展和联展。

画面运用虚实结合的表现手法，结合印象与写实，通过对于光线的描绘，表现空间的穿越，光色变幻交加，璀璨又绚烂，通过层层的色彩展现，留下瞬间的永恒，浦江水波光粼粼，彩霞点点，抒发与表达了充满朝气和希望的新上海，朝霞中的故乡，充满着生机与希望（图5-148）。

图5-148　上海滩C

图案设计表达了外滩的一番景象，亮丽的色彩搭配给人焕然一新的感觉，限量版发售，具有收藏价值（图5-149～图5-151）。

图5-149　上海滩S2-2

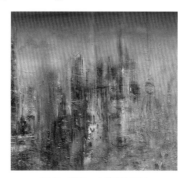

图5-150　上海滩S21

图5-151　上海滩S2

艺术家应斌先生的作品色彩变幻、笔触有力、富有韵律感和光感，西方抽象画风表现出对上海滩的一种新的描绘（图5-152、图5-153）。

扑朔迷离的色彩和光线、复杂多变的空间结构中描绘上海滩的幻象（图5-154）。

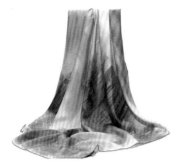

图 5-152　摩登上海·序四

图 5-153　浦江两岸

图 5-154　摩登上海

（五）围巾丝巾流行趋势

21 世纪的今天，围巾不只具有驱寒保暖的功能，更能体现女性或男性的自身品位，已成为不可或缺的时尚饰品，并且其在服饰装扮中有点睛作用，能瞬间点亮平凡衣物的光彩。围巾是百变精灵，当人们与围巾的形状、大小、花色心有灵犀的时候，它回报给人们的可能就是耳目一新的奕奕神采。

1. 色彩

（1）草木绿

草木绿给人的元气印象，令人耳目一新，伸展犹如繁茂的灌木园林，戴上此种围巾极具生命气息和蓬勃欲望（图 5-155 ～图 5-159）。

图 5-155　绿色围巾

图 5-156　绿色围巾

图 5-157　绿色围巾

图 5-158　绿色围巾

图 5-159　绿色围巾

（2）绯红色

拒绝平庸的绯红色，如焰火般鲜艳欲滴，华丽跳脱，目光灼热，随风摇曳如一曲迷醉探戈（图 5-160 ~ 图 5-163）。

图 5-160　红色围巾　　　图 5-161　红色围巾　　　图 5-162　红色围巾　　　图 5-163　红色围巾

2. 图案

（1）波尔卡圆点

风靡于 20 世纪 50 年代的 Polka Dot 波尔卡圆点在时尚的舞台其实从未消逝，这个看似千篇一律实际变幻万千的图案总能抹去沉闷，为我们带来轻松趣味感，经典黑白的碰撞更有种浓郁的复古情调（图 5-164 ~ 图 5-167）。

图 5-164　波尔卡　　　图 5-165　波尔卡圆点围巾　　　图 5-166　波尔卡　　　图 5-167　波尔卡
　　　圆点围巾　　　　　　　　　　　　　　　　　　　　　　　圆点围巾　　　　　　　圆点围巾

（2）水彩花卉

细腻的笔触，淡雅清新的色彩，百花盛放的魅惑姿态，水彩花卉这一经典元素毫无疑问在新季度的丝巾设计中，将重获画家和设计师们的青睐（图 5-168 ~ 图 5-171）。

图 5-168　水彩花卉围巾　　图 5-169　水彩花卉围巾　　图 5-170　水彩花卉围巾　　图 5-171　水彩花卉围巾

（3）人物印花

艺术家用线描、水粉等绘画手法，记录下日常生活场景，并结合童话人物形象及其古旧感色彩印染于丝巾设计当中，加重佩戴趣味（图 5-172、图 5-173）。

图 5-172　人物印花围巾　　　　　　　　　图 5-173　人物印花围巾

3. 材质

（1）轻巧乔其

轻盈通透的乔其纱丝巾，质感轻薄，印花精致，造型玲珑小巧，以可爱的领结形式轻围于脖颈，在装点脖颈的同时更突显出一股少女般的纯真俏皮（图 5-174 ~ 图 5-176）。

图 5-174　乔其纱丝巾　　　　　图 5-175　乔其纱丝巾　　　　　图 5-176　乔其纱丝巾

（2）瑰丽绸缎

瑰丽的绸缎丝巾，手感柔软滑爽，舒适软糯，带来微风阵阵的春日情怀。而表面散发的珍珠光泽，极尽华丽，实用雅致，尽显高级（图5-177～图5-180）。

图5-177 绸缎丝巾　　图5-178 绸缎丝巾　　图5-179 绸缎丝巾　　图5-180 绸缎丝巾

（3）棉麻混纺

棉麻混纺材质，亲肤柔软手感舒适，加入丰富多变的印花，婀娜多姿，飘逸灵动（图5-181～图5-184）。

图5-181 棉麻混纺丝巾　　　　　　　　图5-182 棉麻混纺丝巾

图5-183 棉麻混纺丝巾　　　　　　　　图5-184 棉麻混纺丝巾

（4）保暖羊毛、羊绒

羊毛、羊绒围巾不仅在冬日起到御寒的作用，在凹造型方面也是一把好手。羊绒围巾轻薄不臃肿，舒适经典，它的存在已经超越了时髦与否的概念，更多的是让你能感到温度和暖意。羊绒围巾是最不易被潮流淘汰的，能够围出温暖与时尚，让你温度和风度并存（图5-185～图5-189）。

图5-185　羊毛羊绒围巾　　　　图5-186　羊毛羊绒围巾　　　　图5-187　羊毛羊绒围巾

图5-188　羊毛羊绒围巾　　　　图5-189　羊毛羊绒围巾

（5）奢华皮草

最足够保暖就一定是皮草围脖。华高贵的皮草本来就是时尚界宠儿，天生有贵族气质的皮草保暖凹造型两不误，皮草围脖的气质就是简单也能很有视觉冲击（图5-190～图5-193）。

图 5-190 皮草围巾

图 5-191 皮草围巾

图 5-192 皮草围巾

图 5-193 皮草围巾

4. 造型

（1）优雅蝴蝶结

将短丝巾缠绕于脖颈上，或于中央或侧边位置打上一枚蝴蝶结，瞬间便充满了甜美的少女感。又或用丝巾包裹头部，如同流浪中的吉普赛女郎，风情万种（图 5-194 ~ 图 5-196）。

图 5-194 蝴蝶结造型

图 5-195 蝴蝶结造型

图 5-196 蝴蝶结造型

（2）干练纤细型

盛夏一直流行的长飘带和水袖，也沿袭到了秋冬的围巾之上，超长的围巾单品多次出现在街拍秀场和明星的身上，长到膝盖以下，佩戴的时候风度翩翩，而且保暖也是没话说，张扬个性必备。细长型的长围巾（丝巾）可谓百搭实用又精巧干练，既可轻松搭配 T 恤、牛字裤等基本款式，又能在皮草、西装、大衣等单品中增添随意率性感（图 5-197 ~ 图 5-200）。

图 5-197　干练纤细型　　　图 5-198　干练纤细型　　　图 5-199　干练纤细型　　　图 5-200　干练纤细型

（3）复古质感大廓形

　　毛线的粗棒针质感有着复古的气质，大廓形披肩或长围巾，不管在休闲厅或办公室等室内场合，都能解决脱下外套太冷、穿太厚又笨重的尴尬处境，在外也可以凹足造型。够大够长的方巾完全可以当做外套来穿着，只需要用一根腰带固定。够长的围巾可采用"上海滩"式挂脖法，这种挂脖法最好操作，虽然保暖性差了点，但最能拉长身材比例和脸部线条，也是最有英气飒爽的腔调。大方巾的魅力在做披肩时便显露了。精髓就是随意，不对称才够慵懒优雅，这种做法更适合穿毛衫、裙装或偏薄些的外套，更有感觉（图 5-201 ～图 5-206）。

图 5-201　复古大廓形　　　　　图 5-202　复古大廓形　　　　　图 5-203　复古大廓形

| 图 5-204　复古大廓形 | 图 5-205　复古大廓形 | 图 5-206　复古大廓形 |

二 项目主题：一花一世界

主题解读：唐英《寄题庐山东林寺三笑庭联》：桥跨虎溪，三教三源流，三人三笑语；莲开僧舍，一花一世界，一叶一如来。英国诗人威廉·布莱克的诗句：一沙一世界，一花一天堂。无限掌中置，刹那成永恒。

项目实施建议：这个主题阐述的是人与自然、人与世界、人与自我的关系，无论是东方、西方，或是哲学、宗教，都蕴含这类似的观点：在浩瀚宇宙中，人类如恒沙微尘，虽然渺小，却也自成一界。它表达了绝对自由的灵魂，一个卑微的个体生命中蕴含着自由精神，一件很小的东西里也可能隐藏着很大的智慧，也能蕴含独特的美。因此，这个主题是非常开放的，每一个读者都可以对此表达不同的看法，即使是对哲学宗教没有太多认识的年轻朋友也可以根据字面意思去表达设计想法。

三 项目案例实施

任务1　主题解析

主题"一花一世界"从字面去理解，是指每一个细小的生命或物件里都蕴藏着生命的力量和无穷的美，并且有其规则和秩序，与你我并存于这个世界，我们看见了他们的外观和规律，然而他们的灵魂无人可及。佛眼看花，花既是世界，佛眼看世界，世界既是花，所以心里装着真善美的人看世界，世界就像花一样美，世界就是心的倒影（图 5-207）。

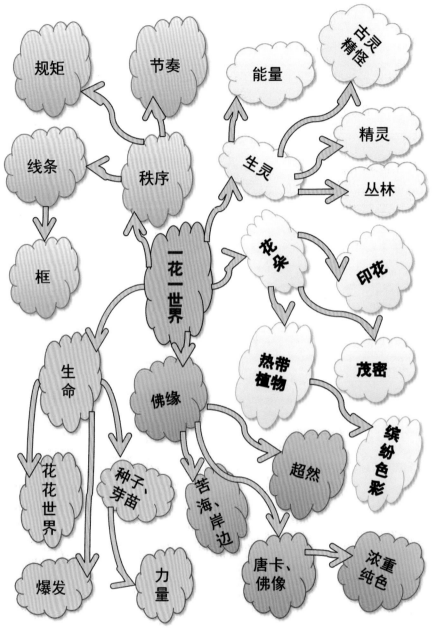

图 5-207 "一花一世界"思维导图

任务2 灵感解析

分析了主题后，我们发现"一花一世界"给人最直观的印象是关于花朵和植物的部分，这也是最容易切入的设计元素，将自由生长的植物花朵姿态进行变化设计，再加以线条和边框的介入，是围巾丝巾的常见样式（图 5-208）。

图 5-208 "一花一世界"灵感解析

任务3 风格定位与客群分析

　　一种时尚品的诞生总是先基于人的生理需求，围巾也有它的实际用途，大多数情况下，作为颈部保暖的一种配饰，它有"优雅接力棒"之称，连接头部与身体、脸庞与服装。围巾不如珠宝那样璀璨夺目，但它柔软平滑且低调，给人平添一份舒适与优雅。英国 BBC 将丝巾列为女性的"新权力符号"，丝巾已经成为权力女性展现声誉与优雅的新方式，许多受到保守商务着装约束的女性，会通过佩戴丝巾为自己增添一抹色彩，以彰显独特魅力。相对而言，丝巾更加适合利落的职场风格服装以及一些礼仪场合，但走在时尚前沿的弄潮儿们将丝巾变幻出几十种不同的系扎方法，不仅适用于颈部，还能延伸到头部成为帽饰或是发带，有的甚至突破佩戴位置，变成一件小背心或是一根长腰带。

本次案例设计的客群定位于年轻时尚女性，性格直率活泼，穿衣风格倾向于都市休闲风格。

任务4　图案与色彩解析

根据主题灵感的分析，我们选择自然花朵和枝叶作为设计的主要元素，采用红、橙、绿、紫等高饱和度的色彩，缤纷艳丽，搭配大面积的粉绿和粉红，适合更年轻的消费者，单幅作品使用对比色搭配的方式，大胆活泼，富有活力（图5-209）。

图5-209　"一花一世界"图案与色彩解析

任务5 材质解析

　　根据冬季和春秋季不同的保暖性需求，采用不同的材质。冬季使用羊绒混纺面料，更加蓬松柔和，触感柔软；春秋季使用桑蚕丝混纺面料，悬垂透气，有光泽（图5-210）。

图5-210 "一花一世界"材质解析

任务6 设计思维表达

"一花一世界"设计草图如图 5-211 ~ 图 5-213 所示。

图 5-211 "一花一世界"设计草图

一约领颈饰

一约领颈饰

图 5-212 "一花一世界"设计草图

图 5-213 "一花一世界"设计草图

"一花一世界"设计效果图如图 5-214、图 5-215 所示。

图 5-214　"一花一世界"设计效果图 方巾系列

图 5-215　"一花一世界"设计效果图 长巾系列

四 围巾丝巾整体搭配效果赏析

　　"没有丝巾的女人没有未来。"伊丽莎白·泰勒这样形容丝巾对女人的重要性，那个时代女性对丝巾的热爱可见一斑。尽管丝巾在 20 世纪前经历了诸多形状和花色变迁，但如同贵重珠宝一样，丝巾的时尚奢享曾经只是上流社会的专属。20 世纪，各种人造纤维的出现使丝巾成为所有爱美人士的日常配饰。人们对丝巾的痴迷整整延续了一个世纪，自由组合、飘逸灵动、随个性而变化，除了千变万化的花色，充满自由想象的围法也应运而生（图5-216 ～图5-241 ）。

图 5-216　Glambattist Vallil 2018 秋冬

图 5-217　Glambattist Vallil 2018 秋冬

图 5-218　Fendi 2018 秋冬

图 5-219　Fendi 2018 秋冬

图 5-220　Fendi 2018 秋冬

图 5-221　prada 2018 秋冬

图 5-222　prada 2018 秋冬

图 5-223　Sportmax 2017 秋冬

图 5-224　Sportmax 2017 秋冬

图 5-225　Balmain 2017 秋冬

图 5-226　Balmain 2017 秋冬

图 5-227　Nico Panda 2018 秋冬

图 5-228　Nico Panda 2018 秋冬

图 5-229　Marc Jacobs 2018 秋冬

图 5-230　Marc Jacobs 2018 秋冬

图 5-231　Marc Jacobs 2018 秋冬

图 5-232　Marc Jacobs 2018 秋冬

图 5-233　Chanel 2018 秋冬

图 5-234　Chanel 2018 秋冬

图 5-235　Louis Vuitton 2018 秋冬

图 5-236　Missoni 2018 秋冬

图 5-237　Missoni 2018 秋冬

图 5-238　Missoni 2018 秋冬

图 5-239　Missoni 2018 秋冬

图 5-240　Glambattist Vallil 2018 秋冬　　　　图 5-241　Glambattist Vallil 2018 秋冬

原创领带设计

一 知识链接

（一）领带的历史与演变

1. 起源

伟大的作家巴尔扎克曾说过："领带是男人的介绍信"，领带是很多重要场合的必备装备，男士正装也因此才变得完整。而在弗洛伊德的理论中，"领带"象征着权力，它点缀了男装，更点燃了男人的魅力与欲望。这条看似不起眼的小带子，已经成为成功男士的身份象征，甚至可以毫不夸张地说是它成就了无数政界、商界的精英人士，因此领带已然成为了现代服饰的一个文化符号。

但人类是什么时候开始系领带的，为什么要系领带，最早的领带是什么样的？这是一个难以考证的问题。因为记载领带的史料很少，考察领带的直接佐证也很少，而关于领带起源的传说很多，各种说法不尽相同。那么，这个男装中标志性的亮点起源于何处呢？

归纳一下，有以下几种说法。

（1）保护说

关于领带的由来，有很多种不同的说法，其中一种观点认为领带最早起源于日耳曼民族。那时候，日耳曼人居住在深山老林里，靠着狩猎生存，为了御寒他们将兽皮披在身上取暖。但披着兽皮行动不便，兽皮容易掉下来，聪明的日耳曼人用草绳将兽皮扎在脖子上。这样一来，草绳既固定了兽皮也阻挡了风从颈间吹进去，起到了很好的保暖作用，这草绳就是最早的领带。

还有一种说法认为领带起源于居住在海边的渔民，海边的气候潮湿，为抵御寒冷的海风，渔民就将草绳系于颈间，渐渐地形成了一种标志性装饰。从这种说法推理，原始的领带应该是现在冬天人们经常使用的围巾。

另有说法是在公元前50年，古罗马士兵的脖子上就带有领巾，据说那是士兵的妻子和恋人为了祈祷前方战士平安，送给他们的护身布。从人类文明的发展来看，颈间的装饰是从人类本能的御寒取暖演变而来的，而后为满足审美的需求，产生了各种变化，最终才有了真正意义的领带。

（2）功能说

这种观点大致包括两种说法，一种认为领带起源于英国男子衣领下的专供男子擦嘴的布。工业革命之前，英国一直处于经济落后的状态，在中世纪，英国人以猪、牛、羊肉为主食，而且进食时不用刀叉或筷子，而是用手抓起一大块捧在嘴边啃。男人们在啃肉的时候很容易将油渍弄到衣服的前襟上，再加上英国男人习惯留着大胡子，油渍更容易滴在乱蓬蓬的胡子上，因此智慧的女人们在他们的脖子上系一块布，起到防止油污弄脏前襟的作用，同时还方便男人们擦嘴、清理胡须。日久天长，英国的男人们改掉了以往不文明的行为习惯，随着经济发展，虽然生活中不再需要这样功能的领前布，但人们已经养成习惯，久而久之，衣领下面的这块布就成了英国男式上衣传统的附属物。工业革命后，英国发展成为一个发达的资本主义国家，人们对衣食住行都很讲究，挂在衣领下的装饰布条做得更加美观多样，起到了装饰作用，也就成了现在的领带。

另一种认为领带起源于罗马帝国时代的战队装备，为了防寒、防尘以及紧急时候的包扎、止血等实用目的而设计。而后为了区分士兵、连队，还采用了不同花色的领巾，并成为战士服装必备的组成部分。慢慢地这种领巾引用到普通民众的服装中，并发展成今天的领带。

在中国文化中也有着类似的描述，甚至外形更是神似现代的领带。闻名中外的秦兵马俑，兵俑身披战甲，或站或跪，许多兵俑的脖子上围着形似领带的领巾。这领巾与现代领带间有着什么样的微妙的联系，现在不得而知，后来流行于欧洲的领带是否也起源于此，至今也没有定论。但这可以考证的事实，至少说明彼时的中国士兵们也佩戴了这种可以保护颈部的物品（图6-1）。

（3）装饰说

领带装饰说认为领带起源是人类爱美的情感的表现，关于装饰说的起源有好几种说法，第一个说法是：传说17世纪中叶，法国军队中一支克罗地亚骑兵凯旋回到巴黎，雇佣军官兵身着威武的制服，脖领上系着一条领巾，颜色各式各样，非常好看，骑在马上显得十分精神、威风。巴黎一些爱赶时髦的纨绔子弟看了，倍感兴趣，竞相仿效，也在自己的衣领上系上一条围巾。第二天，有位大臣上朝，在脖领上系了一条白色围巾，还在前面打了一个漂亮的领结，路易十四国王见了大加赞赏，当众宣布以领结为高贵的标志，并下令上流人士都要如此打扮，在他的号召下，领带逐渐从法国传遍世界各地。

第二个说法也是在17世纪，南斯拉夫的一位骑兵身穿制服，颈系布条出现在巴黎的大街上，这种新奇的装束让法国军官们大为赞叹并积极仿效，后来又引起了法国的达官贵人们的注意和喜爱，一下子成为流行的装束。

第三个说法是17世纪法国向邻国西班牙发动战争，当时奥地利出兵支援法国，每位奥地利士兵的脖子上都佩带一块白围巾作为标志，很快便在皇宫和军队里流传开来。法德之战，法军又将这种标志拧成蝴蝶结，插在上衣的纽扣眼里，结果法国奇迹般地赢得了这场战争的胜利。而战场上那种拧成麻花形状的领带打结方法很快地传到巴黎，在一般市民中流行起来，并增加了许多新花样，使领带的形状、用料和打结方法都有了许多新的变化。

第四个说法也与路易十四有关，据欧洲史料记载，17世纪中叶法国路易十四国王非常欣赏奥地利士兵佩戴的领巾，还命人进行改良，在上面缝制了刺绣，甚至增加花边，并在胸前结成了一个大蝴蝶结（图6-2）。由于国王的喜爱，这种装饰很快在宫廷中蔓延开来，巴黎一些爱赶时髦的纨绔子弟也争相效仿。这样，领带便成为高贵的标志，在上流人士中流行起来。后来这种饰品分为了两个类别，一个是越来越长、往下发展，就变成了领带；另一个则愈来愈短，变成了现在的领结。

图6-1　兵马俑

图6-2　路易十四

综合以上各种传说，大多数认为扎领带的习惯源于军队，这是毋庸置疑的，而且在法国这一领导国际时装潮流的国土里首先得到应用、推广与发展，国王路易十四在领带的推广与发展中起到了推波助澜的作用（图6-3～图6-5）。

图6-3　17世纪军服

图6-4　17世纪军服

图6-5　17世纪军服

2. 演变

领带脱胎于17世纪男性的领部装饰，与男子服装有着十分密切的联系，当时的男人穿衣服极尽繁复之事，穿紧身衣、戴耳环、穿花式皱领衬衫，高高卷起的发型上面戴一顶小帽，敬礼时用一个有流苏的小棒把它举起。衬衫当作内衣穿在里边，衣领装饰相当华丽，

图6-6　17世纪男装

高高的领子加了一圈花边，衣领上绣了美丽的荷叶边，衣领折叠成花环状，这些领子露在外面，从外衣就可看到。这种追求华丽、讲究奢侈的服装在当时贵族中最时髦（图6-6）。

法国路易十四统治时期，因受到罗马军装穿着形式的影响，皇家联军渐渐流行蕾丝绲边的服装，并在领口处以简单的系结作为装饰。渐渐地，原本的领结被一种较小的高领圈取代，领圈上面缀有皱褶。当时时髦的流行打法，即在领圈的底部系上长形黑色缎带。据史料记载，17世纪之后领带在法国已成了男装的重要组成部分，这股风潮很快便传播到了英格兰，铺张浪费、喜好奢华的查理二世让领带成为宫廷着装的一部分，卷起一股时尚风潮。当时的伦敦刚刚经历过1665年的瘟疫和1666年席卷全城的大火，急需一种轻松愉快的时尚潮流，打领带的风潮如同熊熊烈火迅速燃遍了全伦敦。

彼时的领带，尚无标准的系法，人们大多选择在脖子上缠绕一两圈，然后交叉打一个结饰，然而，英法战争却改变了这一传统系法。1692年7月24日，法军在荷兰战区受到英军的猛烈偷袭，受到袭击的法军很快将"有可能影响战斗"的领带拧起，塞进衬衣前襟的开口处，端起枪支开始战斗。这场角逐中法军的最终胜利，让很多人突发奇想，认定了这种领带的系法会"给人们带来好运"。此后，法国人以及战区的荷兰人总是将领带的一端塞入上衣的第六个扣眼中。

直到18世纪法国资产阶级革命宣告了宫廷贵族生活的终结，男人放弃了华丽服装，改换成简单朴素的装束。华丽的衬衫领子没有了，代之以黑丝领带或领结。领带呈领巾状，在脖子上围两圈，在领前交叉一下，然后垂下来，也有打成蝴蝶结状。进入18世纪后，领带成为当时自我标榜绅士风度的普罗大众的最爱，在整个法国无论是"下里巴人"抑或"王孙贵族"纷纷带上领带，享受它带来的独特魅力。大文豪巴尔扎克也为领带的魅力所折服，并第一个用文字的方式将其推广到整个法兰西（图6-7～图6-9）。

图6-7　18世纪领带

图6-8　18世纪领带

图6-9　18世纪领带

　　时间到了19世纪，领带已经流行至整个欧洲，出现了用大头针别着的"硬胸"式领带。它由多种料子制成，如绸缎、绒布等，颜色也从简单的黑、白色，增加到多种色彩，甚至拼色。各色领带已在欧洲广为流行了，特别是在英国，不仅上层男士戴领带，就连中小学生也是以不同色彩的领带来区分，在英国皇家军队中，以不同颜色的领带来区分不同兵种。温莎公爵所打出的领带结风靡一时，同时领带被传入美国，美国人发明了细绳领带（或称牛仔领带）。后来又出现了一种以滑动金属环固定的细绳领带，称保罗领带。

　　到1870年左右，人们都开始穿西服了，领带成为时尚，一种与西装搭配而不可缺少的装饰物。男士西装的出现，让男士的着装变得无趣起来，与西装出现前相比，男人在着装方面少了许多生动与华丽，所幸无用的领带让男人对自我有了某种修饰的方法。这时的领带已变得比较窄小并淘汰了那些过分矫揉造作的打结方法和华而不实的部分。西服上衣的设计很奇特，从脖子至胸前空着一个三角区，自然而然的形成了一个装饰区，而领带正是这个区域的装饰，漂亮的西服配上一套醒目的领带，非常好看。领带与西服的合璧给男士们带来潇洒，增添了英俊和风采。根据一些服饰专家的分析，领带正好像胸衣、裙子一样展现了人们的性别特征，象征着富有理性的责任感，体现了一个严肃守法的精神世界，而这恰恰是当时男性们所刻意追求的。这时领带形状为带状，通常斜裁，内夹衬布，长宽时有变化，颜色以黑色为主，领带的式样已经和现在的领带十分相似了（图6-10～图6-12）。

图6-10　19世纪领带

图6-11 19世纪领带

图6-12 19世纪领带

直到20世纪20年代，真正意义上的现代领带才诞生，面料的裁切技术使领带不再因为打结而留下难以平复的皱纹，继而引发了一系列全新的领带打结方式。领带站稳了脚跟，开始全面占据男性的日常造型。1930年，领带的形式渐渐具有如今的模样。40年代末，欧洲许多正式场合规定，没有打领带的绅士无法进入，慢慢地领带成为社会地位的特殊符号，并因此开始风行。

20世纪是现代文明爆发的时代，领带的流行风也借机吹遍了世界的每个角落，其款式、风格、材质都得到了极大的发展。首先，随着世纪初女权运动的打响，妇女在生活、自由和幸福上追求与男性相同的权利，她们将领带从男权主义城堡中作为战利品掠夺了过来，"细化"后随意耷拉在脖子上，结合特立独行的衣着搭配宣扬着不分性别的帅气，彰显出纯正的英伦摇滚风格。到了七八十年代，领带更披上了先锋艺术的色彩。在性感的影星玛丽莲·梦露的演绎下，一股名为"波普"艺术的强烈势力，凭借其特殊的印刷工艺技巧和趣味性，窜入了大众的视野。而后，宽领带逐渐流行，同时来自古老东方的纹样也开始出现在高级领带的设计上。随着后现代主义的逐渐显露，更多的前卫、富有挑战性的年轻人，将滑稽、搞怪的图案设计在原本严谨的领带上（图6-13～图6-16）。

图6-13 20世纪领带

图6-14 20世纪30年代领带

图6-15 20世纪40年代领带海报

图6-16 20世纪80年代阿玛尼领带

领带在历史演变和发展过程中，其款式不断翻新，新品种层出不穷。法国人一贯喜好服饰打扮，是一个崇尚风雅的国家。1947年，法国人发明了方便领带，将一块铝片压成领带结形状，再把领带粘贴在上面，佩戴时将领带直接挂在衬衣领上就行了，美国人发明了一种以滑动金属环固定的细绳领带，称保罗领带，后来又出现了"一拉得"领带，对于那些赶时间而又笨手笨脚的人，尤其是在人们生活节奏加快的今天，无疑是一种较为理想的便捷服饰，如今人们称这种可以快速穿戴的便捷式领带为"懒人领带"（图6-17）。

图6-17 "一拉得"领带

如今，市场上充满各种不同造型、艺术图案、文字、色彩的领带，然而单是设计的变换已经不能满足现代人们的需求，创新的材质也纷纷出现。丝绸、羊毛、棉、亚麻、人造纤维等纤维材料，纷纷以纯纺或者混纺交织物的形式，出现在不同季节、不同服装搭配和不同佩戴场合的领带设计中。今天的领带已不再是简单的装饰物了，它早已同人们的社交活动密不可分，成为社会文化的表征。

3. 领带在中国的发展

前面曾提到过中国秦朝时期留下的兵马俑上，有着类似领带的颈间装饰物。然而，在西方流行的领带真正意义上出现在中国，还是在辛亥革命胜利后，一部分留学生学成归国。他们带回了领先的科学文化知识和先进的学术思想，同时也带回了西方的着装打扮，西服、领带开始在文人中流行起来，但仅限于一些大都市。随后而来的常年混战和战后重建，使得人们无心装扮，仅有极少数人能够维持体面的生活，直到改革开放后，西服领带才随着西方文化的涌入真正进入大众生活，成为人们服饰生活的一部分（图6-18）。

图6-18 民国时期戴领带的男士

服装本是社会文明发展最敏感的前沿信号，改革开放后，随着中国主动融入世界经济舞台，领带作为服饰中最闪亮的符号出现在男装中。聪明的中国人快速吸收着来自西方文明的结晶，每个行业都努力在竞争中成长。伴随着这一热潮，中国领带的制造工艺很快成熟，在浙江嵊州建立了全世界最大的领带生产基地，并在摸索、实践中走出了自己的产业集群之路。经过多年的发展，中国领带产业已经形成了国际著名的领带设计、面料织造、生产、制作以及销售一条龙的产业集群地。但品牌特色不足、纹样款式趋于雷同、营销理念落后，整体上还处于发展的初级阶段。因此，未来在领带品牌建立上，还需在色彩、纹样以及造型上有所突破，力争文化与工艺相结合，形成真正的核心竞争力。

（二）领带的功能

提到领带大家脑海中首先会想到它与男士西装的完美搭配，但随着科技水平的提高以及人们生活水平的增长，领带已经不是简单的佩戴物，它的功能早已不局限于装饰性。社会功能是领带在重要场合的社会活动中做出重大贡献的主要表现，此外还有各种不同实用功能的领带出现在领带的大家庭中。

1. 实用功能

随着物质品类的丰富，现在的领带已经不再具有保暖防护之类的实用功能了，更多具有保健功能的磁疗、按摩和负离子领带、音乐领带、多功能领带等开始出现在市场上，以满足特殊人群的需求。也有在领带上增加了钱袋、拉链、药物袋等简单的结构，起到应急和方便的作用，为老年人所喜爱。

2. 装饰功能

领带作为现代男士服装不可分割的一部分，其最基本的功能还是装饰性。领带的点缀能够彰显男士独特的魅力，同时通过个性化的设计能够展示佩戴者的个性。通常提到领带人们会自然而然地想到西装，二者的搭配已经根深蒂固地深藏在大家心中。然而，近些年来很多相对休闲的场合，男人们喜欢佩戴设计有活泼图案和鲜艳色彩的领带，以表现其潇洒的个性，显示不同的品位和美感。

领带的装饰功能不仅仅是简单地给人视觉上的美感，更是通过这个美感传达出更深层次的意义，让人深度地去体味佩戴者的魅力。从佩戴者的整体个人形象来说，领带其实比其他方面更能影响他人对其地位、可信任度和能力的看法。一条具有良好质地和设计感的领带能够把男士的整体着装水平提升一个档次，给佩戴者挣足"面子"。此外，佩戴者还可以通过领带来表达情感，比如用情侣款领带表达对彼此的爱意，或在喜庆的日子里佩戴红色的领带表达喜悦的心情。

3. 社会功能

随着人类文化的发展，领带逐渐被赋予一定的社会功能，它在社交场合表现出了佩戴者的社会地位，在职场上展示了佩戴者的身份特征，在休闲时刻显现了佩戴者的个人喜好，这些无一不说明领带社会功能的重要性。具体来说，领带的社会功能首先表现在其标记功能，例如领带的图案、色彩和领带夹可以反映出佩戴者的职业特征。很多公务部门员工的职业装都配有绣着其单位标志的领带。警察、银行职员、税务部门等很多单位都要求职员必须佩戴领带，可以表现他们严谨的工作作风、高效的工作效率和扎实的工作能力，展示出独特的魅力与风采（图6-19）。不仅职场上会有如此着装要求，现在很多大学、甚至中小学的校服上也会配备印有校徽的领带，展现学生的青春风采，同时还能够培养他们的学校荣誉感（图6-20）。

图6-19　制服领带

图6-20　校服领带

领带还是充分展现佩戴者社会地位的装饰物，商人在商务谈判时会佩戴沉稳的领带，政治家在外交场合佩戴内敛、友好的领带，娱乐明星表演时佩戴彰显个性的领带。尤其在政治场合，领带代表着礼节，还能够展现政治家的风采和内涵。许多国家领导人在出国访问期间，佩戴有与其夫人着装颜色搭配的领带，表现其顾家、亲民的好男人形象，为提升他在人民心中的地位起到了很重要的帮助作用。

（三）领带的造型分类

现代领带的演变主要是为了满足佩戴者的审美需求，而人类的审美情趣是随着社会物质文明的发展逐渐演变的，因此领带的造型也随着人类内心的诉求而逐渐演变。虽然领带的造型有很多种，跟领带起源时的样子比，已经发生了很大的变化，但究其根本主要改变还是领带的宽度和领带前端下摆这两个部位。

1. 箭头领带

箭头领带是领带中最基本的样式，领带的大小两端都呈三角形箭头状，故称箭头领带，佩戴者最为普遍。箭头领带多采用丝绸类或涤纶面料，表面光泽较好，内衬选用毛料或其他硬挺面料，有弹性、不易折皱，图案上有较多变化，印花、色织较为常见。箭头领带也分常规宽度和窄型领带，窄型领带款式相对时尚，为年轻人所喜欢，多与休闲西服和普通休闲服搭配（图6-21）。

2. 平头领带

平头领带是箭头领带的一种式样变化，底端是平的造型。通常，平头型领带的宽度略窄，长度也略短，而且多以素色或提花的针织物直接织成。平头型领带款型新潮，一般会与休闲西服或者其他休闲类外套搭配，能够展现出佩戴者的时尚感（图6-22）。

3. 斜头领带

斜头领带和平头领带类似，较常规领带略短，斜头型领带一般用于搭配休闲服装，款式较前卫，因此适合年轻人佩戴（图6-23）。

4. 线环领带

线环领带又称丝绳领带，是欧美风格的扣链挂饰。线环领带的结构较为简单，用一根彩色的丝绳在衣领中环绕，穿过前面中间的金属套口即可。套口的制作较为精致，上面装饰有花纹，或镶嵌宝石及个性化金属扣件。线环领带系用简单方便，作为休闲装配饰搭配上休闲衬衫、牛仔裤出席不拘谨的酒会，会显得轻松活泼（图6-24）。

图6-21　箭头领带　　　图6-22　平头领带　　　图6-23　斜头领带　　　图6-24　线环领带

5. 宽型领带

宽型领带又称阿斯科特式领带，源于 19 世纪的皇家阿斯科特赛马会，随后作为结婚礼服的正式领饰为人们所喜爱。阿斯科特式领带使用时不需系结，和系围巾的方式一样，休闲而又不失优雅，成为品位和格调的象征。宽型领带类似一种内领巾，佩戴于普通衬衫里面，通常有简单结或者阿斯科特结两种结法。简单结适用较厚的色织、缎纹材质主料制备的领带，花色简单和极富质感的简单结彰显贵族气质。而阿斯科特结相对复杂，主料宜选用花色明亮的丝绸类面料，显得休闲又富有内涵（图 6-25）。

6. 翼状领带

翼状领带又称领结，包括小领结和蝴蝶结。小领结主要用于搭配礼服，有黑白两色，白领结只用于搭配燕尾服，而黑领结则用于配穿小礼服及礼服变种。蝴蝶结是由小领结发展而来，结成后像只展翅欲飞的蝴蝶，领结部分比小领结要大，通常由深色丝绸面料制得。翼状领带多用于正式场合，常出现于高端晚宴及舞台表演等场合（图 6-26）。

图 6-25 阿斯科特领带　　　　　　图 6-26 翼状领带

（四）领带的材质

1. 丝绸领带

领带能够体现佩戴者的品位、身份、爱好、文化修养等，通过与服饰的完美搭配展现佩戴者由内而外的气质。真丝领带以其色彩光亮、鲜艳、轻盈柔软、彰显高雅与经典的特质，深受消费者的青睐，目前真丝领带的面料主要包括丝缎、双绉、提花绸、薄软绸等。丝绸根据织物组织、经纬线组合、加工工艺和绸面表现形状划分为纺、绫、罗、绸、绢、锦等 14 大类。不同组织的丝绸面料有着不同的特点，然而都保持着丝绸轻薄、柔软、滑爽、透气、色彩绚丽、高贵典雅的优点（图 6-27）。

2. 羊毛领带

羊毛织物作为冬季服装面料的首选，是因为其厚重的质感和优良的保暖性能，虽然羊毛材质的领带对佩戴者颈间的保温并不能起到很大的作用，但在视觉上却会影响人们对温暖的感知。羊毛面料因其平整、硬挺、端庄大方，而成为冬季领带的首选面料，尤其在英伦风的格子风格演绎下，更显男士的绅士感和时尚感。羊毛领带有选用厚重挺括的斜纹粗毛涤面料为主的，也有选用薄质平纹呢料或羊绒面料的，羊毛领带手感丰满软糯，是欧式传统领带中的高档品（图 6-28）。

图6-27 丝绸领带

图6-28 羊毛领带

3. 棉麻领带

棉和麻是天然纤维中应用最广泛的两种材料，有很多优异的性能，比如吸湿性、导湿性、保暖性、抗菌性等，因此纯棉或棉麻面料成为服装中最常选用的面料。棉麻领带保持两种纤维材料的基本性能，风格自然朴实、手感舒适、价格平宜，但因棉麻的弹性较差，使用中容易出现褶皱现象，纯棉麻的领带在领带市场所占份额很小，大多是采用棉麻与其他材质混纺后得到性能更为全面稳定的材质，更适合领带的穿戴保养需求（图6-29）。

4. 化纤领带

化学纤维的种类非常多，但领带面料主要选用涤纶纤维，选用毛涤混纺、丝涤混纺或纯涤纶面料，一方面可以调整羊毛纤维相对较差的光泽和蚕丝过于轻柔的缺点，同时还能够降低领带的成本，弥补天然纤维取材受限的不足。针织涤纶印花领带不易起皱、复原性好、价格较低，在中、低档领带市场有较大的消费份额（图6-30）。

图6-29 棉麻领带

图6-30 化纤领带

（五）领带的色彩与图案

领带的色彩与纹样千变万化，不同人士有不同的偏爱，随着艺术的普及、人们审美情趣和接受尺度的变化，各式各样充满设计感的领带如雨后春笋般涌现，给服装搭配带来了更多选择。

起初领带的色彩以深色为主，以显示庄重。随着服饰色彩的变化，领带的灰色系渐渐地不能满足人们的需求，各种亮色纷纷出现在男人的领间，有纯色领带，也有多种颜色拼接的格子、波点、艺术图案。随着纺织染整技术的提高，几乎能想象到的颜色都可以出现在领带上，但领带毕竟是整体着装中的一个配饰，颜色的选择还要看佩戴的场合、与服装搭配、佩戴者的年龄等。

领带的纹样设计主要是通过一些抽象和具象图案表达出或传统或流行的风格，以搭配不同款式服装。抽象纹样是以点、线、面等几何形状为基础，通过一定的排列组合形成的造型简单、风格独特的纹样。领带中的抽象纹样主要包括格子纹样、波点纹样、条纹纹样，这几种最为经典。格子领带包括细格图案和大格图案，细格强调稳定和恬静，大格偏显粗犷与豪迈（图6-31）。领带上的圆点图案起源于19世纪后期的英格兰，当时波尔卡音乐盛行，而圆点图案能够展现出波尔卡音乐的欢乐和轻松感，因此圆点图案出现在领带上，并将圆点领带称作波尔卡领带。传统意义上的波点图案色彩柔和，圆点设计比较随意，可以一样大，也可以大小不一；圆点颜色与底色变化较多，可以同色调，也可以选用强烈的对比色（图6-32）。条纹领带包括横条纹、竖条纹和斜纹领带，其中斜纹领带占的比例最大。具象纹样则是对已有的具体形象的变形和概括，包括生活中的动植物、人物、器具等元素，具象纹样选材灵活，表现手法细腻、写实或粗犷、夸张。具象纹样设计要做到情感与艺术相结合，体现出典雅的艺术特点（图6-33）。

图6-31　格纹领带

图6-32　波点领带

领带纹样中还包括一类特别重要的标识纹样，包括职业标识、学校标识、团队标识等，主要是为了表达宣传、标识和提升集体认同感的作用，要求它的象征性，同时也强调其装饰性。设计师通常会将代表其团体的标志性图案通过印花、绣花等方式添加到具有代表性颜色的底布上，成为休闲装或时装的配饰（图6-34）。

图6-33　条纹领带

图6-34　绣有标志的领带

（六）领带品牌

1. HUGO BOSS（雨果博斯）

HUGO BOSS是世界知名品牌，源于德国，品牌创立于1923年，主营男女服装、香水、手表及配件，分为Hugo和BOSS两个品牌。BOSS品牌的消费群定位是城市白领，具体又细分为以正装为主的黑牌系列、以休闲装为主的橙牌系列和以户外运动服装为主的绿牌系列。BOSS品牌以简洁现代的设计和高质细节而闻名，裁剪完美，用料一丝不苟，适合任何场合，是注重实用和品质的人士的选择。Hugo是针对年轻人的服装系列，以别具创意的设计为特色，较前卫时尚，并采用最新型面料制作服装，但品质仍是一贯水准，适合追逐流行时尚并坚持自我风格的年轻人士。品牌整体风格是建立在欧洲的传统形象上，并带有浓浓的德国情调。

HUGO BOSS在国际时装界拥有举足轻重的地位，是德国的经典品牌，一直崇尚的经营哲学为：为成功人士塑造专业形象。品牌名下各种产品和系列都遵从相同的设计哲学，因而都显出独特品牌风格。HUGO BOSS不只是生产时装和配饰，也是艺术赞助人，自1996年开始，HUGO BOSS和纽约Guggenheim基金合作，颁发HUGO BOSS奖，每两年颁发一次，由各地博物馆馆长组成的评审团选出对当代艺术有贡献的艺术家，同时也为HUGO BOSS品牌增添艺术价值。在体育方面，HUGO BOSS赞助一级方程式赛车、高尔夫球、网球和滑雪，这些运动亦代表了品牌的形象：成功、活力、国际化。美学和品质并重，HUGO BOSS品牌形象和它的顾客形象达到高度和谐：成功自信，出众超群（图6-35 ~ 图6-37）。

图6-35 HUGO BOSS

图6-36 HUGO BOSS领带

图6-37 HUGO BOSS领带

2. Gucci（古驰）

1919年，意大利人古驰奥·古驰旅居伦敦和巴黎，耳濡目染下，他对当地时尚人士的衣着品位渐有心得。1921年返回佛罗伦萨后，他开了一家专门经营高档行李配件和马术用品的商店，出售由当地最好工匠制作的精美皮具，并在上面打上古驰（GUCCI）标志。仅几年时间这家店就吸引了一批国内外有背景的客户。这一巨大成功，促使古驰奥·古驰于1938年在罗马开了第一家分店。第二次世界大战结束后，由于原材料匮乏，古驰在1947年设计出以竹节替代皮手柄的提包，这一设计至今仍堪称经典。到50年代，源自马肚带的红绿红条纹被古驰用作配件装饰图样，遂成为这个品牌的又一标志设计。1953年，创始人古驰奥·古驰去世，而公司的纽约分店也在同年开张，它标志着古驰开始向全球市场出击。60年代，这个代表时尚与品位的意大利名牌在伦敦、巴黎等世界最主要市场站稳了脚跟，到60年代末，"GG"正式成为古驰的品牌标识。1970年，古驰的全球扩张指向远东地区，香港和东京分别有了它的专卖店。80 年代早期，古驰的公司领导权由毛里奇奥·古驰掌握，不过此时，古驰家族的内部纷争影响了公司发展，古驰的品牌形象开始走下坡路。1994 年，汤姆·福特被任命为古驰集团全产品创意总监，次年 3 月，他推出使其声誉鹊起的绸缎衬衫、马海毛上衣和天鹅绒裤装，塑造出集现代、性感、冷艳于一身的崭新形象。汤姆·福特大刀阔斧整顿古驰，将这一传统品牌改变为崭新的摩登代言者，使古驰成为年轻族的时尚代表。在 90 年代欧美奢侈品牌转型的风潮中，古驰在重新定义自己在时尚界的地位方面无疑是做得最成功的。从 1994 年至今，古驰一直是世界上最具影响力的超重量级时尚品牌。与此同时，它开始逐渐将全球时尚流行界的优质品牌网罗门下，法国圣罗兰等一批经典品牌相继成为古驰集团的成员。1999 年，古驰与零售商 PPR 集团结成战略联盟，使自己从单一品牌转变为多品牌的超级时尚王国，进而成为意大利最大的时尚集团。2014 年，古驰分店遍布全球，涉及服饰、皮件、饰品和香水等各式产品，深受全球时尚人士追捧（图 6-38）。

图 6-38　古驰领带

3. Dunhill（登喜路）

Alfred Dunhill 出身于一个经营马具的商人家庭，专门供给来往旅客鞍具、马衣、马房用品，这是因为当时的交通工具仍以马车为主。1893 年，他从父亲手上接过专门经营马具的家族企业后，立即变革经营理念，并以适用、可靠、美观、恒久且出类拔萃作为企业原则，让其产品成为英式优雅的绅士象征。登喜路的巨大事业开端于 20 世纪早期的伦敦。那时，关于限制开车的不合理法规条文被撤销，年青的赛车手们已经可以真正地放开手脚，将他们的汽车驾驶到极致，从而纵情享受一种前所未有的愉悦和刺激。在当时，驾车只是少数人消遣和娱乐的方式，这些人一般都是富家公子、喜欢冒险的贵族或是那些富有且行为不羁的人们。当然，驾驶这种高噪声敞篷车旅行，须要配备一些特别的服装，而登喜路正是供给这种装备的人。1902 年夏天，登喜路开设了一家叫做"登喜路驾车族"的旗舰店，并很快获得了成功。不久，登喜路在博览会上获得了"驾乘专用服饰"金奖。1903 年推出仪表板时钟，成为登喜路推出的第一款计时工具。1904 年在伦敦开设店铺，为驾车族提供"除汽车外的所有相关配件产品"，推出专为汽车司机、机动车和自行车骑手打造的第一个男装系列。Alfred Dunhill 的兴趣非常广泛，当一位顾客向他埋怨驾驶敞篷车时烟斗往往被风吹熄后，他便设计出设有风挡的烟斗。他在 1920 年研制出第一款打火机"不同凡响"，这是第一个单手操作、同时打火的打火机。在随后的几年间，他把自己的产品战线拓展到体育用品和航空产品系列。1930 年，引入奢华书写工具系列。1936 年推出 dunhill Facet 腕表，成为登喜路腕表设计的经典之作。1956 年研制出世界上首只丁烷气高级打火机，至今仍被公认是经典之作。1963 年，英国女王伊丽莎白二世为登喜路颁发了英国王室供货许可证。

1893 年成立的英国男装品牌登喜路，强调将现代与传统相结合，带着浓浓绅士味的登喜路时装的确令人赏心悦目。从一百多年前开设第一家汽车配饰产品专卖店开始，到 21 世纪赞助国际汽车赛事，这种无畏的冒险精神贯穿了登喜路发展历史的全程，并成为登喜路的风格和特点。这份冒险精神加上对奢华独到的理解造就了登喜路辉煌的今天。登喜路拥有一个忠实而尊贵的顾客群，他们每一位都是当时流行时尚的引领者。几乎每个人都很喜爱登喜路的香水，享用登喜路的雪茄，同时希望通过登喜路的手表来知晓时间，用登喜路的钢笔和文具给亲朋好友写信。登喜路在战争时期最著名的顾客是英国首相丘吉尔。战后，众多明星也加入了登喜路客户的阵营。如今，超过百年历史的登喜路成为高级男士服饰及产品专家，照顾男士日常所需，从服饰、书写工具、皮革用品以至香烟、香水等均一手包办（图 6-39、图 6-40）。

图 6-39　登喜路

图 6-40　登喜路领带

4. Burberry（博柏利）

1856 年，年仅 21 岁的小伙子 Thomas Burberry 开设了他的第一家户外服饰店，一手创立了 Burberry 品牌。优良的品质、创新面料的运用使其赢得了一批忠实顾客，到 1870 年时，店铺的发展已经初具规模。1879 年，他研发出一种组织结实、防水透气的斜纹布料，因结实耐用的特性很快就被广泛认可。1888 年 Burberry 取得专利，为当时的英国军官设计及制造雨衣，1901 年 Burberry 设计出第一款风衣，第一次世界大战爆发，其风衣被指定为英国军队的高级军服，而为配合军事用途，在设计上也修改为双排扣、肩盖、背部有保暖的厚片，并在腰际附上 D 型金属腰带环，以便收放弹药、军刀等，这款实用功能至上的风衣，也就是家喻户晓的"Trench Coat"。直到今日，翻开英国牛津辞典，如果想查"风衣"这个单字，你会发现"Burberry"已成为风衣的另一代名词。同时期 Burberry 创立了品牌的骑士标志，并注册为商业标志（图 6-41）。1911 年，Burberry 为首位征服南极的旅行家 Ronald Amunden 提供旅行服饰而扬名于世。1924 年创作的以米色、红色、黑色与白色等线条构成的格子图案出现在干湿褛的内里上，它甚至改变了英国人的生活习惯，渐渐不爱在雨天撑伞，穿上一件干湿褛完事。而后这一格子图案更广泛用于其他产品，如雨伞及行李箱上，这种格纹图案和风衣成为品牌两大经典，已经成为了英伦气派的代名词（图 6-42）。

图 6-41　Burberry

图 6-42　Burberry 风衣和格子围巾

Burberry 在成为时尚品牌之前一直是个较为实用的牌子，19 世纪末，Burberry 几乎为所有的户外运动生产了专门的防水服和猎装，包括女士高尔夫球和射箭穿的衣服，男士的网球装、钓鱼装，以及登山、滑雪、骑单车的服装等。Burberry 一直深受皇室爱戴，凭着传统、精谨的设计风格和产品制作，1955 年获得了由伊丽莎白女王授予的"皇家御用（Royal Warrant）"徽章，1989 年又获得了威尔士亲王授予的"皇家御用保证"徽章。

进入 21 世纪，Burberry 加快了其在全球的扩张步伐，在德国、西班牙、意大利、俄罗斯、日本的一些重要城市建起了更多独具风格的专卖店。为应对多元时代的来临，除传统服装外，在拥抱前人哲学之余，透过独有的设计思考，Burberry 也将设计触角延伸至其他领域，并将经典元素注入其中，将其经典的感性与当前的时代性完美结合，在时尚中注入品质，成为一个永恒的品牌，让传统英国的尊贵个性与生活品位继续延伸其中，获得崭新的生命。

5. Zegna（杰尼亚）

杰尼亚是世界著名的意大利男装品牌，始创于 1910 年，以精湛剪裁的西装闻名。其品质卓越、不断创新的高端面料，亦庄亦谐的风格令许多成功男士对杰尼亚钟爱有加。

1910 年，不到 20 岁的埃尔梅内吉尔多·杰尼亚在意大利开了一间手工纺织作坊。最初这间简陋的作坊只能生产一些小块的羊毛面料，事业有所发展后，开始生产精细的羊毛面料，与垄断全球精羊毛市场的英国人展开竞争。埃尔梅内吉尔多去世后，他的两个儿子继承了家族企业。他们齐心协力向成衣市场进军，在创造一流品质纺织面料的同时，又推出杰尼亚品牌男装，并把发展目标定位在世界顶级男装市场。在面料经营中积累下来的经验，以及拥有自己的纺织厂，使杰尼亚很快就成长为意大利男装行业中的领头羊。

多年来，杰尼亚品牌一直是众多社会名流所青睐的对象，以其完美无瑕、剪裁适宜、优雅古朴的个性化风格风靡全球。杰尼亚是男装中的极品之一，是个性与艺术性完美组合的作品，他将传统工艺和现代智慧有机地结合，使杰尼亚特有的梦幻般的面料把男装艺术发挥到淋漓尽致的地步。1980 年代，杰尼亚为寻找全球最好的山羊绒和丝绸来到中国，没想到此行的最大收获是发现了中国市场的潜力。杰尼亚 1991 年进入中国，很快中国已经成了它的全球第四大市场。该品牌提供量身定制服务，工匠们精纺的是 12 到 13 微米的羊毛，制成品用肉眼看来甚至比丝绸还要细密。面料对气候有要求，需要远赴瑞士加工。意大利顶级技师量体裁制，就连纽扣都是兽类最坚硬的角质做成的。整个制作流程长达 50 天。杰尼亚将他的产品立足于高品质的男装面料上，从原始市场上收集最好的原材料并投资先进的技术、员工培训和品牌推广，品牌所拥有的众多专利布料都经得起细细品味（图 6-43、图 6-44）。

Ermenegildo Zegna

图 6-43　杰尼亚　　　　　　　　　　图 6-44　杰尼亚西服领带

（七）领带流行趋势

现在的领带基本沿袭 19 世纪末的条状款式，45 度角斜向裁剪，内夹衬布、里子绸，长宽有一定的标准，色彩图案多种多样。经过几个世纪的演变发展，随着文明程度的提高，领带也越来越讲究艺术和精细，从款式、色彩上趋向更美丽。

男士穿上合体的西装，显得十分庄重、高雅、潇洒和气派，增添了俊美和风采，色彩斑斓的领带便成为男士的宠儿。在漂亮的西装上佩戴一条醒目的领带，使佩戴者显得气质非凡。不仅男士喜欢佩带领带，而且许多职业女性的规范着装中也少不了领带，如前台售货、银行、邮局、税务、工商、海关等职员以及部队女兵等，配以领带使人看起来更加严谨负责，大大提高了可信赖程度，成为现代服饰文化的一个亮点。

佩带领带一直受到人们的普遍青睐，但是随着科学技术的不断发展和生活、工作节奏的加快，人们对领带也提出了不同的看法。虽然不少人总想脱离 "150 厘米布条" 的束缚，但是不可否认，在正式场合中不系领带的男士很容易给人带来 "不守规则" 或是 "不认真" 等偏见，很多人为了避免这些麻烦或是误解，也不得不戴上了领带，以示自己的 "正派"。一种观点认为领带系得过紧，有碍于血液流通，大脑或输送到眼部的血液减少而引起一些疾病。因此，认为应该取消领带，在日本就有人建议开展 "不戴领带运动"。另一种观点则认为男士的服装也和女士的服装一样，开始出现时装化，同时穿休闲服的热潮也滚滚而来，显然领带与时装、休闲服不相匹配，因此，取消领带已成为当前服饰发展的趋势。这些情况不能不说是给领带的发展带来不利的因素，但就目前的形势而言，领带在人们的生活，尤其是正式场合的规范衣着中仍有一定的生命力。

二 项目主题：线

主题解读：线条在我们的世界无处不在，线的本意是指用棉麻丝毛等材料拈成的细缕。泛指的意思非常多：细长的东西；线索；几何学中一个点任意移动所构成的图形；记录边界、区域的标记；运行轨道等。常见词语有：明线、内线、暗线、直线、曲线、实线、虚线、边线、中线、水线、防线、警戒线、专线、干线、支线、光线、紫外线、红外线、宇宙线、射线、螺旋线等。"线" 还是重要的艺术语言，古今中外任何伟大艺术作品都有线的存在。在新时达新媒体新文化潮流的影响下，线又是什么样子的呢？

三 项目案例实施

任务1 主题解析

围绕主题 "线" 进行资料收集和发散性思维后，可以联想到电缆、光线、绘画作品以及古诗词 "慈母手中线" 等，这其中有很多适合用来设计领带花型的素材，选择其中一个或几个进行进一步的思考分析，作为最终的设计灵感（图 6-45）。

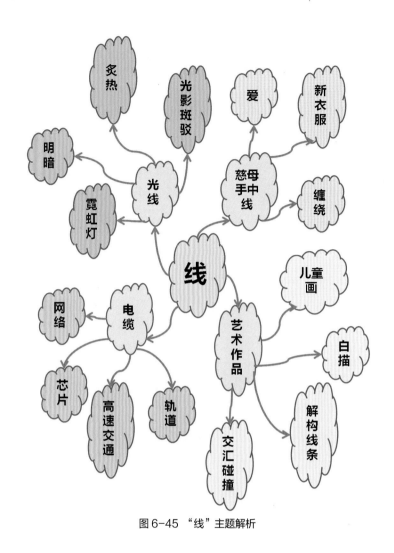

图6-45 "线"主题解析

任务2 灵感解析

对思维导图中的内容进行思考分析后，我们选择了"艺术作品"作为创作灵感，通过网络资料收集，发现许多关于线条的艺术作品，有传统的线描，有天真烂漫的儿童画，还有各种绘图软件合成的创意图片，以及使用线材创作的现代艺术装置作品（图6-46）。

任务3 风格定位与客群分析

这次创作的领带作品整体上倾向于艺术化和个性化，与传统的正装风格拉开差距，更加适合休闲装的搭配，年龄没有限制，整个设计强调趣味性，线条安排生动不拘一格。适合彰显个性、对生命充满热情、乐于表达自我、追求独特和自由的都市人群。

图6-46 "线"灵感解析

任务4　色彩解析

　　整体色调采用黑、白、黄橙、蓝绿组成大色调，有比较强烈的对比效果，浓烈中又带有一丝古典，热情中又充满浪漫（图6-47）。

图6-47 "线"色彩解析

任务5 材质解析

使用丝麻混纺的材质，细腻斜纹肌理，视觉感带点亚光效果，线条图案采用刺绣的工艺，有一点点突起的立体感（图6-48）。

图6-48 "线"材质解析

任务6　图案造型解析

　　图案造型采用奔放洒脱的线条，无序中集结成一些似是而非的图形，人脸、植物、花朵、动物、符号、文字等尽情想象。在整个系列领带中，有的单品图案热闹缤纷，有的则简洁明朗，疏密错落有致，无论是一件还是整个系列，都在视觉上达到富有节奏感的效果（图6-49）。

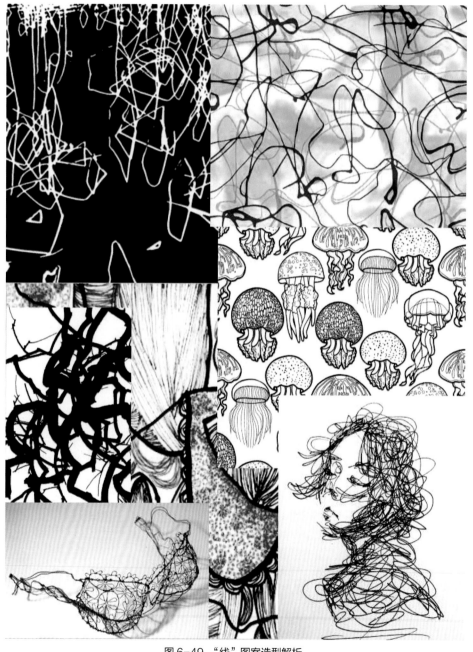

图6-49　"线"图案造型解析

任务7 设计思维表达

"线"设计草图如图 6-50、图 6-51 所示。

图 6-50 "线"设计草图

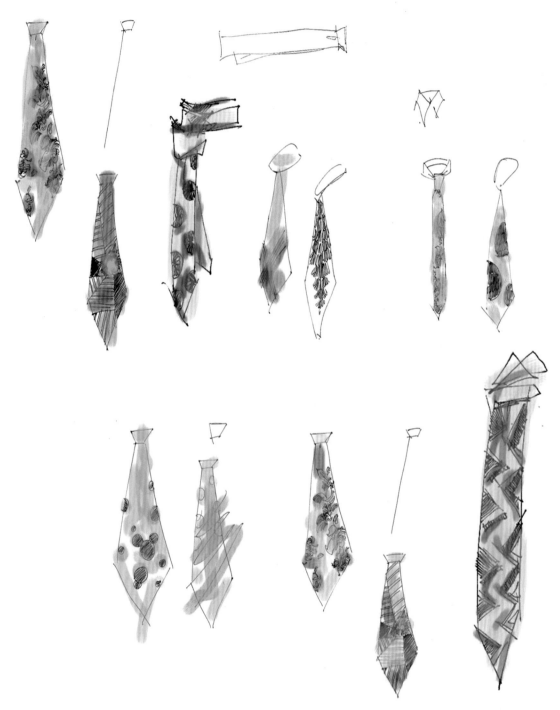

图 6-51 "线" 设计草图

任务8 设计图稿

"线"设计效果图如图 6-52 所示。

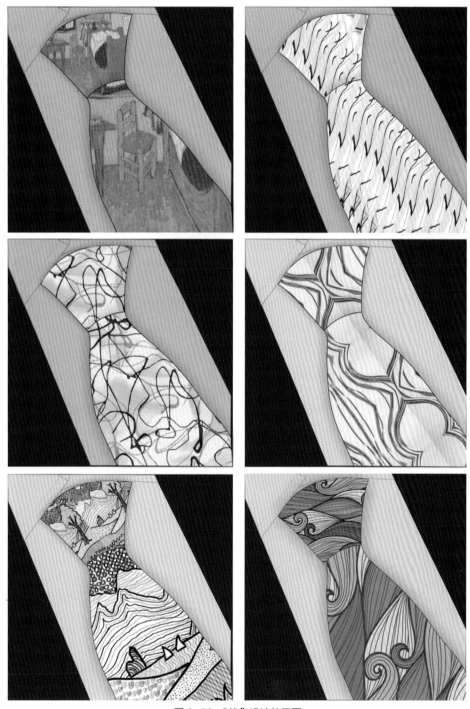

图 6-52 "线"设计效果图

（四）**领带整体搭配效果赏析**

领带整体搭配效果赏析如图 6-53 ～ 图 6-76 所示。

图 6-53 领带搭配赏析

图 6-54 领带搭配赏析

图 6-55 领带搭配赏析

图 6-56 领带搭配赏析

图 6-57 领带搭配赏析

图 6-58 领带搭配赏析

图 6-59 领带搭配赏析

图 6-60 领带搭配赏析

图 6-61　领带搭配赏析

图 6-62　领带搭配赏析

图 6-63　领带搭配赏析

图 6-64　领带搭配赏析

图 6-65　领带搭配赏析

图 6-66　领带搭配赏析

图 6-67　领带搭配赏析

图 6-68　领带搭配赏析

图 6-69　领带搭配赏析

图 6-70　领带搭配赏析

图 6-71　领带搭配赏析

图 6-72　领带搭配赏析

图 6-73　领带搭配赏析

图 6-74　领带搭配赏析

图 6-75　领带搭配赏析

图 6-76　领带搭配赏析

参考文献

REFERENCES

[1] 视觉中国.

[2] 网易时尚频道.

[3] 中国服装工业网时尚频道.

[4] 服装设计网.

[5] 海报时尚网.

[6] 凤凰网时尚频道.

[7] 新华网时尚频道.

[8] 图行天下.

[9] 汇图网.

[10] 全景网.

[11] 个人图书馆.

[12] 人人网.

[13] 设计邦.

[14] 中国军视网.

[15] 新浪博客.

[16] 摄影部落.

[17] 堆糖.

[18] 轻奢网.